日本が世界に誇る
名品の数々を紹介

ジャパニーズ クラフト ウイスキー 読本

The Book of
Japanese
Craft Whisky

TOKYO
NEWS
BOOKS

日本が世界に誇る名品の数々を紹介

ジャパニーズクラフトウイスキー読本

The Book of Japanese Craft Whisky

Chapter.4

シン・ウイスキーの聖地 鹿児島を行く

Chapter.5

これから来る! 期待のニューカマー蒸留所

Chapter.6

クラフトウイスキーが飲める全国の名店

※文中で敬称を省略している部分があります。ご了承ください。
※「蒸留所」の漢字表記は、一般的に「蒸留所」ですが、当事者の希望により、「蒸溜所」と表記しているものもあります。
※本書内のデータは2024年2月現在のものです。

クラフトウイスキーとは

2000年代以降、世界のウイスキー業界のトレンドとなっているクラフトウイスキー。
その歴史や言葉の意味を解説する

小規模蒸留所が造るこだわりの1本

世界的なブームとなっているクラフトウイスキー。実を言うと、ウイスキー業界の中でも明確な定義はされていないというが、一般的には規模の小さな蒸留所(クラフトディスティラリー)で製造されているウイスキーのことを指している。生産量は多くないため希少価値が高い上、造り手のこだわりや個性が楽しめるとあって、一躍ブームとなった。クラフトウイスキーはもはや世界的なトレンドとなっている。

では、クラフトディスティラリーが生まれたのはいつ頃の話だろうか。

それはまだ比較的最近の話で2000年代に入ってからのことである。その背景にあるのは規制緩和の流れだ。経済のグローバル化に伴って世界的規模で規制緩和が推し進められたことに合わせて、ウイスキー業界でもウイスキー製造免許の規制が緩和されたことが大きな要因だと考えられる。

世界的なクラフトウイスキーブームに先鞭をつけたのは「ウイスキーの聖地」とも呼ばれているアイラ島(スコットランド)に2005年に設立されたキルホーマン蒸留所だ。アイラ島内ではなんと124年ぶりに新設されたという。大麦の栽培から糖化、発酵、蒸溜、熟成、瓶詰めまで、すべての工程をアイラ島で行っているのも、キルホーマン蒸留所のこだわりの一つだという。同蒸留所により、正真正銘のアイラシン

Japanese Craft Whisky

グルモルトが新たに誕生することとなった。

クラフトディスティラリーが多く、クラフトウイスキー製造の世界的なブームの火付け役となっているのが、アメリカのウイスキー業界だ。1980年代に起こったクラフトビールのブームにより、全米各地でクラフトビールを製造するブルワリーが増えたように、クラフトウイスキーを製造するクラフトディスティラリーが増えていった。その数は400カ所以上にも及ぶ。

日本では世界の流れからやや遅れをとったものの、2010年代に入ってからクラフトウイスキーのブームが一気に押し寄せてきた。九州の焼酎メーカーなどを中心に、新たに蒸留所の建設が盛んに行われるようになっている。

そのきっかけをつくったのは秩父蒸溜所を運営するベンチャーウイスキーだ。同社が造った「イチローズモルト」は世界的な品評会である「ワールド・ウイスキー・アワード」において、5年連続で最高賞を受賞。一躍その名を世界に知らしめ、ジャパニーズウイスキーの評価を一気に高めている。（詳しくはP28の秩父蒸溜所ストーリーを参照）

秩父蒸溜所の成功に背中を押されるように日本各地でクラフトディスティラリーの建設が相次ぎ、今では50を上回る数の蒸溜所が稼働している。この流れは今後さらに広がっていくことであろう。クラフトディスティラリーから新たなジャパニーズスタイルのウイスキーが誕生することに期待したい。

ウイスキーの歴史

ウイスキーはいつ生まれ、世界へと広まっていったのだろうか。
その歴史を辿ることで味わいはさらに深いものになるはずだ

日本にウイスキーを伝えたのは歴史で習うあの偉人

アイルランド語で「命の水」という意味を持つウイスキーが初めて作られたのは、12世紀頃だと言われている。当時は無色透明の液体で、主に薬として飲まれていたという。ただし、発祥の地は定かではない。アイルランドだとする説とスコットランドだとする説があるが、両説とも確固たる材料に乏しいのが現状だ。おそらく、この論争が終わりを迎えることはないだろう。

現在のような琥珀色をしたウイスキーが造られるようになったのは1700年代のことだと言われている。とある密造者がシェリー酒の樽に入れて保存したところ、味も香りも芳醇なウイスキーが出来上がったという。その製法がイギリス国内はもちろん、ヨーロッパ全土や北米大陸など、広く伝わっていった。さらに19世紀後半には害虫が発生した影響で、ヨーロッパ中

イギリス政府公認1号のグレンリベット蒸留所　写真：Alamy／アフロ

のブドウ畑が壊滅状態となったこともウイスキーの普及に繋がった。ワインが飲めなくなってしまった代わりに、各地でウイスキーが飲まれるようになっていった。

日本に初めてウイスキーが伝わったのは、江戸時代末期の1853年。開国を求めて、浦賀（現在の神奈川県横須賀市）へ黒船で来航したペリー提督が持ち込んだと言われている。

1918年には、後に「日本のウイスキーの父」と呼ばれる竹鶴政孝がウイスキー造りを学ぶため、スコットランドへと旅立った。1923年、サントリーの創業者である鳥井信治郎は、竹鶴を蒸溜技師として招き、大阪府山崎に国内初の蒸留所を設立。それから6年後の1929年に、初の国産ウイスキー「サントリー白札」が誕生した。1940年には竹鶴政孝が創設した大日本果汁が第1号となる「ニッカウヰスキー」をリリースしている。

ジャパニーズウイスキーはその後、独自の進化・発展を遂げ、今の隆盛へと続いている。

竹鶴政孝と妻・リタの銅像　写真：川村敦／アフロ

ウイスキー歴史年表

1405	アイルランドの歴史書『クロンマクノイズ代記』に「命の水」に関する記述が残る（アイルランド説）
1494	スコットランド王室財務記録に「命の水」に関する記述が残る（スコットランド説）
1536	宗教改革で蒸留技術が広がる
1644	スコットランド議会がウイスキーに初の課税
1725	ウイスキーへの課税が強化。密造が横行する
1780	アイルランドに「ボウストリート蒸留所」が設立される
1791	アメリカでバーボンウイスキーが誕生
1824	イギリス政府公認第1号の「グレンリベット蒸留所」が創業
1826	スコットランドで連続式蒸留器が発明される
1830	グレーンウイスキーが誕生
1853	黒船が浦賀に来航。日本にウイスキーが伝わる
1860	スコットランドでブレンデッドウイスキーが誕生
1918	後に、「日本のウイスキーの父」と呼ばれる竹鶴政孝がスコットランドへ留学。蒸留技術を学ぶ
1923	鳥井信治郎が日本初のウイスキー蒸留所（山崎蒸留所）を設立
1929	国産初の本格ウイスキー「サントリー白札」が発売
1934	竹鶴政孝が余市蒸留所を設立
1940	竹鶴政孝が設立した大日本果汁が「ニッカウヰスキー」を発売

Japanese Craft Whisky

世界5大ウイスキー

スコットランド、アイルランド、アメリカ、カナダ、日本の5カ国で作られているウイスキーは「世界5大ウイスキー」として愛好家からの評価も高い。
それぞれどんなウイスキーが生産されているのか、その特徴を紹介する

スコッチウイスキー
Scotch whisky

大麦やピートの生産が盛んで、ウイスキー造りに適した土地柄。そのため、世界で最も生産量が多い。モルトを乾燥させる時に使用するピートの香りが強いスモーキーなウイスキーが多く生産されている。

生産国	スコットランド
代表銘柄	バランタイン、ジョニーウォーカーetc.

アイリッシュウイスキー
Irish whisky

ウイスキー発祥の地の一つとされているが、第二次世界大戦などの影響により蒸留所の数が激減。現在は数軒しか残っていない。他の産地と比べて熟成期間が短く、軽やかな味わいが特徴。

生産国	アイルランド
代表銘柄	ターコネル、ブッシュミルズetc.

ジャパニーズウイスキー
Japanese whisky

5大ウイスキーの中で最も歴史が浅いが、独特の感性で多種多様なブレンデッドウイスキーを生み出し、世界的に高い評価を受けている。ブレンダーなど、職人のレベルも高い。

生産国	日本
代表銘柄	山崎、響、竹鶴etc.

カナディアンウイスキー
Canadian whisky

アメリカで禁酒法が施行されていた1920年代に大量に密輸されたことから市場が拡大した。グレーンウイスキーをブレンドして作る「カナディアン・ブレンデッド」が主流。クセがなく、飲みやすいのが特徴だ。

生産国	カナダ
代表銘柄	カナディアンクラブ、クラウンローヤルetc.

台頭著しい台湾とインド
世界7大ウイスキーの声も

5大産地以外に目をやると、昨今台頭著しいのは豊富な地下水を使い良質なウイスキーを造っている台湾とウイスキー消費量世界一のインドのいわゆる「ウイスキー新興国」だ。これらを含め「7大ウイスキー」と評する声もある。

アメリカンウイスキー
American whisky

イギリスから渡った開拓者たちによってウイスキー造りが伝わった。トウモロコシや小麦、ライ麦といった様々な穀物を原材料に使ったウイスキーが生まれるなど、独自の発展を遂げている。

生産国	アメリカ
代表銘柄	IWハーパー、ワイルドターキーetc.

ウイスキーができるまで

主に8つの工程を経て行われるウイスキー造り。
完成するまで、実に多く時間と手間を要するのが特徴だ

工程 ① 製麦

ウイスキー造りの最初の工程。原料となる大麦を水に
浸して発芽させ、大麦麦芽（モルト）を作る。大麦その
ものだと、ウイスキーに必要なアルコールが作れない
ために行う作業。糖化に必要な酵素を生み出す。

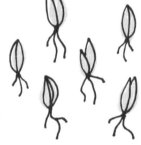

工程 ② 粉砕

乾燥させたモルトをミル（粉砕機）で粉砕。ハスク
（1.4mm以上）、グリッツ（0.2mm〜1.4mm）、フラワ
ー（0.2mm未満）の3つの大きさに分け、その重量比
が2：7：1となるよう細かくチェックする。

工程 ③ 糖化

粉砕したモルトをマッシュタン（糖化槽）に入れ、60〜
70℃の温かい仕込み水を混ぜてウォート（麦汁）を造る。
仕込み水の質がウイスキーの質に影響するため、良い水
が取れる場所に蒸留所が設置される傾向にある。

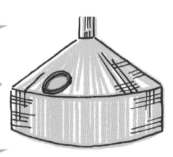

工程 ④ 発酵

ろ過したウォートをウォッシュバック（発酵槽）へ移
し、酵母菌を加えて発酵させ、ウォッシュ（もろみ）に
変える。発酵にかける期間は2〜3日ほど。ウォッ
シュのアルコール度数は7〜9％程度になる。

工程 ⑤ 蒸留

ウォッシュを蒸留器に入れ、約80℃で加熱。アルコール度数を70%まで高める。モルトウイスキーはポットスチルと呼ばれる単式蒸留器、グレーンウイスキーは連続式蒸留器を使用。この時に抽出された無色透明の液体は「ニューポッド」と呼ばれる。一般的に蒸溜を2回行い、1回目を初留、2回目を再留という。

工程 ⑥ 熟成

蒸留してできたニューポッドを木製の樽で寝かせて熟成させる。この作業によって無色透明の液体が琥珀色に変化する。熟成期間は最低でも3年。長い物だと10年を超えるものも。樽の種類や熟成期間で味と香りに違いが出る。

工程 ⑦ ブレンド

熟成されたウイスキーを樽から取り出し、複数の原酒を混ぜ合わせる。完成度の高いウイスキーを作ることが目的だ。ブレンドを担当するのは、ブレンダーと呼ばれる職人。その腕の良し悪しが品質を大きく左右する。

工程 ⑧ 瓶詰め

ブレンドが済んだウイスキーは、冷却した後に濾過をして不純物を取り除く。その後、加水をしてアルコール度数を調整し、瓶に詰めてようやく完成となる。瓶詰めを終えたウイスキーは、各地へ出荷されていく。

Japanese Craft Whisky

ウイスキーの主な材料と種類

ウイスキーの原材料は大麦や小麦などの穀物類。原材料によって味や香りが大きく変わり、
ウイスキーの種類は違ってくる。それぞれの性質を知り、
好みの味や香りを知っておくとウイスキーをより楽しむことができるだろう

大麦を原料としたウイスキー

小麦を原料としたウイスキー

❖ モルトウイスキー ❖

　大麦麦芽（モルト）のみを原料としたウ
イスキー。蒸留所や生産地の特徴が色濃
く反映されやすい。主にスコットランドや
日本で生産されている。よく耳にする「シ
ングルモルト」とは、単一の蒸留所で製造
されたモルトウイスキーのこと。

❖ ホイートウイスキー ❖

　原材料の51％以上に小麦（ホイート）を
使用したウイスキーのこと。バーボンウイ
スキー、コーンウイスキー、ライウイスキー
と同じく、内側を焦がしたホワイトオー
クの新樽を使って貯蔵熟成する。主な生
産国はアメリカ。

ライ麦を原料としたウイスキー

❖ ライウイスキー ❖

　原材料の51％以上にライ麦を使用し、内側を
焦がしたホワイトオークの新樽で貯蔵熟成した
ウイスキーのこと。スパイシーで辛口な独特の風
味が特徴で、主要生産国であるアメリカでは根
強い人気を誇っている。

トウモロコシを原料としたウイスキー

❖ バーボンウイスキー ❖

　原材料の51%以上がトウモロコシであるアメリカを代表するウイスキー。ケンタッキー州のバーボン郡で生産されたことから、その名が付いた。「ジムビーム」や「メイカーズマーク」など、お馴染みの銘柄が多い。

❖ コーンウイスキー ❖

　バーボンウイスキーと同様、主にアメリカで生産されているウイスキー。①原材料の80%以上がトウモロコシ②アルコール度数80%以下で蒸留する③内側を焦がしたホワイトオークの新樽で貯蔵熟成する―などの定義がある。

その他のウイスキー

❖ グレーンウイスキー ❖

　小麦やライ麦、トウモロコシなどの原料に酵素としてモルトを加え、連続式蒸留機で蒸留したウイスキー。ブレンデッドウイスキー（下記参照）のベースとして使用することを目的に作るもので、それ単体で市販されることはほぼない。

❖ ブレンデッドウイスキー ❖

　さまざまな種類のモルトウイスキーとグレーンウイスキーをブレンドし、ブレンダーが味を調整して作ったウイスキー。日本国内で生産されている銘柄の多くは、このブレンデッドウイスキーに該当する。

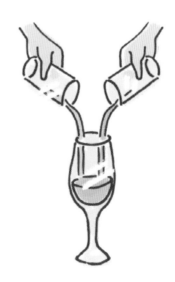

ウイスキーの飲み方

ストレートをクイっといったり、氷を浮かべたり、水やソーダで割ったり……。
様々な飲み方が楽しめるのもウイスキーの特徴の一つ。色々と試してみてはいかがだろうか

❖ ストレート ❖

ウイスキーの味と香りそのものを楽しむなら、やはりストレートに限る。チェイサー（水）と交互に飲むのがおすすめ。口の中がリフレッシュされ、一口ごとにおいしさが増す。

❖ オンザロック ❖

グラスに氷を入れて、適量のウイスキーを注いで作る。小さい氷だと溶けやすいので大きめの氷を入れるのがポイント。氷とグラスが奏でる「カラン」という音が、味わいをさらに深いものに。

❖ ハーフロック ❖

オンザロックのウイスキーに同量の水やソーダなどを注いで作るので、飲みやすくなる。ウイスキーの味と香りをよりマイルドに楽しみたいという人にぜひ試してほしい飲み方。

❖ トワイスアップ ❖

香りを楽しみたい人におすすめの飲み方。グラスにウイスキーと同量の水を注ぐと、ウイスキーの芳醇な香りが立ちのぼってくる。ウイスキーも水も常温であることがポイント。

❖ 水割り ❖

食事と楽しむ飲み方として日本で生まれたスタイル。たっぷりの氷を入れたグラスにウイスキーとミネラルウォーターを注いで作る。ウイスキーと水の割合は1：2〜2.5が基本。

❖ ハイボール ❖

水割りと同様、食事と一緒に楽しむのにぴったりの飲み方。ウイスキーとソーダの割合は1：3〜4が基本となる。爽快感が味わえるので、気分をスッキリさせたい時に味わいたい。

= Taste & Flavor =

テイスト&フレーバーの表現法

ウイスキー通を気取るなら、味や香りを言葉でしっかりと表現したいもの。
ここではウイスキーの味や香りを表現する際によく使われる用語を紹介する。
表現方法を参考に自分の舌と鼻で確かめてみよう

❖ 味わい ❖

ウイスキーの味わいを表現する時は、どんな食べ物の味に近いのかを考えるのがいいと言われている。その場合、「果物系」「チョコレート系」「砂糖系」「ナッツ系」「穀物・シリアル系」など味の似ている食べ物で表現すると、より伝わりやすいのではないだろうか。

表現例 スコットランドを代表するシングルモルトウイスキーの「マッカラン」は、濃厚なドライフルーツの味わいがする。

❖ ボディ ❖

ワインのテイストを表現する際にも使用する「ボディ」というワード。ウイスキーでも使用される。簡単に言うと飲み口のこと。コクや深み、まろやかさなどを「ライトボディ」「ミディアムボディ」「フルボディ」の3つの段階で表現する。また、「デリケート（繊細）」「リッチ（濃厚）」などと表現することも。

Japanese Craft Whisky

❖ 香り ❖

その味わいとともに、芳醇な香りを楽しむのもウイスキーの醍醐味の一つだ。そのため、ウイスキーの香りを表現する言葉は実に豊富にある。ここではよく使われる6つのワードの意味を解説する。

スパイシー	刺激的な香りや深みのある香りなど、スパイスを連想させる香りを感じる時に使う表現
スモーキー	モルトを乾燥させる時に燃料として使用するピート（泥炭）に由来する香りが強い時に使用
モルティー	ウイスキーの原材料である大麦やトウモロコシなどの穀物系の香りがする場合に言い表す言葉
ウッディー	貯蔵熟成に使用する樽の香りが強い時に使用。樽に使用する材料によっても香りは大きく変わる
フローラル	上品で華やか。まるで花のような香りが楽しめるウイスキーを表現する時に用いる
フルーティー	フルーツのように甘くてまろやかな香りが楽しめた時に使用する

ウイスキーの基礎用語集

ここまで歴史や製法など、
様々な角度からウイスキーについて紹介してきたが、まだほんのさわり。
ここまでに紹介しきれなかった用語など、知っておくべき用語の意味を取り上げる

ア

アイラ島   Islay Island

スコッチウイスキーを代表する産地。この島で生産したシングルモルトウイスキーのことを「アイラモルト」と呼ぶ。ピートをたくさん使用しているためスモーキーなフレーバーのウイスキーが多い。

ウッドフィニッシュ   Wood Finish

通常の熟成の後に、異なる樽を使って熟成させ、ウイスキーに独特の風味をつけること。

エステリー   Estery

ウイスキーの香りを表現する言葉の一つ。樽の中で生成されえるエステルという成分に由来している。

オイリー   Oily

ウイスキーの香りを表現する言葉の一つ。バターやオイルのような脂の香り。舌にまとわりつくようなウイスキーもオイリーと表現する。

オフィシャルボトル   Official Bottle

蒸留所が瓶詰めまでのすべての生産を行い、販売するウイスキーのこと。世の中で販売されているウイスキーは、オフィシャルボトルとボトラーズウイスキー（ハ行参照）の2種類しかないことになる。

カ

カスク   Cask

ウイスキーの熟成に使う木製の樽のこと。熟成のピークに達した時のアルコール度数のことを「カスク・ストレングス」という。

キルン   kiln

ウイスキーの原料となる大麦麦芽（モルト）を乾燥させる機械のこと。日本では「乾燥塔」などとも呼ぶ。

サ

サルファリー   Sulfury

硫黄臭のするような個性的なウイスキーを表現する時に使用する。

直火蒸留   Direct flame distillation

単式蒸留機に直接炎を当てて行う蒸留法

のこと。その温度は1000度にもなるという。

シェリー樽　　　Sherry Cask

シェリー酒の熟成に使用した樽のこと。フルーティーでドライフルーツのような甘いウイスキーができると言われている。

シングルカスク　　　Single Cask

単一の樽から瓶詰めされたウイスキーのこと。同様に製造したバーボンウイスキーは、「シングルバレル」と呼ぶ。

タ

チルフィルタリング　　　Chill Filtering

瓶詰めをする前に行われる冷却濾過のこと。白濁や異物を取り除く工程で、品質保持を目的としている。

テロワール　　　Terroir

フランス語で「風土」や「土地固有の」を表す。酒造りの世界では、地域を取り巻く自然環境のことを意味し、味を決める要素として重要視されている。

ナ

ニューメイク　　　New Make

熟成3年未満の蒸留したての無色透明のウイスキーのこと。樽で熟成される間に琥珀色になる。ニューポットとも言う。

ノンエイジ　　　Nonage

熟成年数の表記がないウイスキーのこと。正式には「ノンエイジステートメント」と呼ぶ。コストパフォーマンスがいいウイスキーとして人気。

ハ

バッティング　　　Vatting

モルトウイスキー同士を混ぜ合わせること。そうしてできたウイスキーを「バッティングウイスキー」などと呼ぶこともある。

バーボン樽　　　Bourbon Cask

バーボンウイスキーの熟成に使用されたカスクのこと。バニラやカラメルの強い甘みが目立つ味わいになる。

ピート　　　Peat

スコットランド北部の湿地で見られる泥炭のこと。これを燃やして麦芽を乾燥させると独特の香りがウイスキーにつく。ピートをふんだんに使用した麦芽のことを「ピーテッドモルト」などと言う。

ボトラー　　　Bottler

蒸留所からウイスキーを調達して瓶詰め（ボトリング）を行う会社や団体のこと。ボトラーが販売するウイスキーは「ボトラーズウイスキー」と呼ぶ。

Japanese Craft Whisky

Chapter.2

萌木の村が手がける
魅惑の
スペシャルウイスキー

八ヶ岳の麓に広がる清里高原で人気を博す観光スポット「萌木の村」。
オーナーの舩木上次はウイスキーコレクターとしてもその名を知られる人物だ。
その舩木が手掛けるウイスキーとは

Japanese Craft Whisky

次の世代へ、「上質なウイスキー」という 1本のタスキを渡したい

　清里生まれ、清里育ちの舩木上次は東京の大学を中退して、清里の街づくりに関わるようになった。今から半世紀以上前の1971年に清里の地に喫茶店「ロック」を開店させたのを皮切りに、ホテルやショップなどを次々とオープン。「萌木の村」を発展させた。内閣府の「観光のカリスマ」にも選ばれている。

　舩木はウイスキーのコレクターという一面を持っているが、2014年からは名だたるブレンダーたちとともに、「萌木の村

スペシャルウイスキー」という数量限定の特別なウイスキーを手がけていることでも、愛好家の間では知られている。

　第1弾は2014年に発売された「清里フィールドバレエ25周年記念ウイスキー」。清里フィールドバレエとは、1990年のスタート以来、萌木の村の特設野外劇場で日本で唯一、長期間にわたって連続で上演されている野外バレエ公演だ。初回公演時の観客数は350人の観客だったが、今では1万人近い動員数を誇るイベント

へと成長している。その25周年を記念して造ったのが、始まりだ。

サントリーの名誉チーフブレンダーの輿水精一をブレンダーに招き、華麗なバレエの舞台をイメージして造ったこの1本は内外から高い評価を得た。以来、毎年1本のペースで特別なウイスキーは造られている。

萌木の村スペシャルウイスキーは2023年までに全部で12本リリースされているが、その多くを手がけているのがベンチャーウイスキー秩父蒸留所（P24）の肥土伊知郎だ。名うてのブレンダーでもある肥土が手がけたイチローズモルトはジャパニーズクラフトウイスキーを代表するブランドになっている。

肥土は、2015年の清里フィールドバレエ26周年記念ウイスキーを皮切りに、7本の記念ウイスキーを手がけている。

2022年の萌木の村50周年記念ウイスキーを手がけたのも肥土だ。舩木と肥土が信頼し合っているかが分かるだろう。「私は今という時代を駅伝のように全力で走っていて、次の世代へタスキを渡す役

割を担っています。このタスキになるのが50周年記念ウイスキーです」と舩木は語る。ジャパニーズクラフトウイスキーという文化を次の世代に繋げるための後押しを続けていくつもりだという。

2人のコラボでできたウイスキーは、日本で唯一のウイスキー専門誌の誌上コンテストで最高の5つ星を獲得するなどの高評価を獲得した。舩木も「（萌木の村の）50年の葛藤や思いが味わいと一緒にしっかりと詰め込まれている」と話している。

2023年5月には清里フィールドバレエ33周年記念ウイスキーをリリース。ブレンダーはもちろん、肥土だ。バレエの演目の「ドン・キホーテ」をイメージして製造されたこのウイスキーも、他の萌木の村スペシャルウイスキーと同様、発売後すぐに完売となったそうだ。

清里フィールドバレエシリーズやイチローズモルトなどの銘酒は、萌木の村内にある「Bar Perch」（P118）で飲むことができる。ウイスキー文化の発信地で傾ける1杯は、格別な味と香りがすることだろう。 （文中敬称略）

Japanese Craft Whisky

Chapter.3

珠玉の1本の故郷を訪ねて

クラフトウイスキー 名品紹介 & 蒸留所探訪

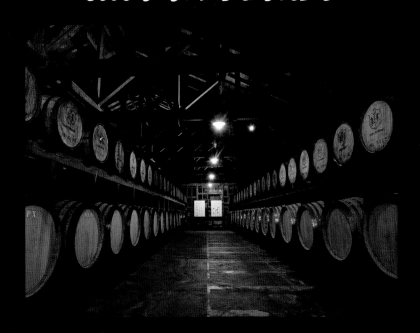

「ジャパニーズクラフトウイスキー読本」製作委員会のメンバーが
「これだけは飲んでおくべき」と厳選した名品の数々を紹介。
上質なウイスキーを生んだ蒸留所を訪ね、そのこだわりを聞いた

地図で知る全国蒸留所マップ

この章で取り上げる全国13カ所の蒸留所を紹介。北は北海道から南は九州まで、全国各地にウイスキーの蒸留所が点在していることが分かる

① 厚岸蒸溜所 ➡P74
［北海道厚岸郡厚岸町］

② 遊佐蒸溜所 ➡P46
［山形県飽海郡遊佐町］

③ 安積蒸溜所 ➡P62
［福島県郡山市］

④ ベンチャーウイスキー
秩父蒸溜所 ➡P24
［埼玉県秩父市］

⑤ 本坊酒造
マルス駒ヶ岳蒸溜所
➡P30
［長野県上伊那郡宮田村］

⑥ 三郎丸蒸留所 ➡P34
［富山県砺波市］

⑦ ガイアフロー
静岡蒸溜所 ➡P50
［静岡県静岡市］

Japanese Craft Whisky

⑧ 長濱蒸溜所 ➡P66
［滋賀県長浜市］

⑨ 江井ヶ嶋蒸留所 ➡P38
［兵庫県明石市］

⑩ SAKURAO
DISTILLARY ➡P58
［広島県廿日市市］

⑪ 尾鈴山蒸留所 ➡P42
［宮崎県児湯郡木城町］

⑫ 嘉之助蒸溜所 ➡P54
［鹿児島県日置市］

⑬ 本坊酒造
マルス津貫蒸溜所
➡P70
［鹿児島県南さつま市］

Japanese Craft Whisky

埼玉県秩父市 ❖ ベンチャーウイスキー秩父蒸溜所
イチローズ モルト＆グレーン（ホワイトリーフ）

世界でジャパニーズウイスキーの一大ブームを巻き起こした珠玉の銘柄。
ウイスキー通でこの名を知らない者はいないだろう

世界5大ウイスキーを巧みにブレンド

　秩父の原酒をキーモルトとして、世界の5大ウイスキーがブレンドに使用されている。異なる個性を生かすのが、ブレンダーの腕の見せどころ。繊細でバランスの取れた香りを造り出している。

　時間とともに変化を続ける複雑な余韻が楽しめるので、ゆっくりと味わってほしい1本。ストレートはもちろん、ロックやハイボールも。寒い冬場にはお湯割りもおすすめだ。

おすすめの飲み方
▼
ストレート、ロック、
ハイボール、
お湯割り

よく合うおつまみ
▼
ドライフルーツ、
ナッツ

Taste　　味

時間とともに現れる濃厚な甘さ

　プラムのような上品な甘みとフレッシュミントのような爽やかさ、オレンジピールなどの柑橘系の果物の味わいも感じる。時間の経過とともに濃厚な甘みが口いっぱいに広がっていく。

Scent　　香り

軽やかで艶のあるフルーティーな香り

　フレッシュミントやレモンゼストなどを思わせる、軽やかで艶のあるフルーティーな香りが鼻腔をくすぐる。ほのかな樽香が心地よさを演出。複雑でありながら、絶妙にバランスが取れている。

Data

種別	ブレンデッドウイスキー
原材料	モルト
度数	46%
容量	700ml
価格	3,850円（税別）

クリーンでリッチなウイスキー造りを

代表 肥土伊知郎さん

　異なる個性を一つの味わいにまとめる、まさにブレンダーの腕が試されている製品造りをしています。ブレンドするすべての原酒の個性が感じられるよう、フレーバーを組み立てながら、それでいて調和の取れた味わいを、こだわりを持って造り上げています。ぜひ一度、その味と香りを楽しんでみてください。

LINE UP こちらも飲みたい！

イチローズモルト ダブルディスティラリーズ

商品名の通り、秩父蒸溜所と羽生蒸溜所の2つの蒸溜所のモルト原酒をバッティングして造り上げたブレンデッドモルトウイスキー。濃厚なフルーティーさを持つ秩父蒸溜所の原酒と、羽生蒸溜所のスイートなニュアンスが、絶妙なハーモニーを奏でている1本だ。

Data

種別	ブレンデッドウイスキー
原材料	モルト
度数	46%
容量	700ml
価格	8,000円（税別）

イチローズモルト MWR

MWRとはミズナラ、ウッド、リザーブの略。複数の蒸留所のモルト原酒をバッティングした後、自社製のミズナラ樽で後熟させている。隠し味にピーテッド原酒を使用しているため、ピーテッドモルト特有のスイートさや、フルーティーさを感じることができる。

Data

種別	ブレンデッドウイスキー
原材料	モルト
度数	46%
容量	700ml
価格	8,000円（税別）

ベンチャーウイスキー 秩父蒸溜所

世界一有名で、日本一小さな蒸留所

　ブレンダーの肥土伊知郎が2007年に設立し、翌年から操業を開始した。スコッチウイスキーの伝統的な製法にならいつつ、あくまでもハンドクラフトにこだわり、個性的な味わいのウイスキー造りに挑戦をしている。

　大手酒造メーカーのような多くの原酒や製造ラインは持っていないが、その分それぞれの製造工程に自分たちなりの趣向を凝らすのが秩父蒸溜所のスタイル。そういったこだわりやチャレンジから、上質なウイスキーが生まれ、それが世界的な評価へとつながっていったのではないだろうか。

　今や愛好家の間ではその名を知らぬものはいないほどの存在になっているが、ウイスキー造りに携わっているスタッフは少数精鋭の小所帯。まさにクラフトディスティラリー（小規模蒸留所）の代表と呼ぶことができるだろう。

　2019年には第二蒸留所の稼働を開始。原酒の造り分けや樽の使い分けなどを通し、複雑で味わい深いウイスキー造りを目指している。

Japanese Craft Whisky

Commitment こだわり

世界で唯一の ミズナラ発酵槽

　ブレンドや貯蔵樽の選択など、細部にわたってのこだわりを持ってウイスキー造りに取り組んでいる。その最たる例がミズナラの発酵槽。ミズナラは日本各地に分布するブナ科の落葉高木で、発酵槽として使っているのは世界でも秩父蒸溜所だけだ。木製発酵槽は管理も容易ではないが、手間暇をかけて発酵作業を行っている。こうしたこだわりが世界中の愛好家に愛される所以だろう。

Location ロケーション

個性的な味わいを生む 秩父の気候

　秩父蒸溜所があるのは、四方を秩父山麓の山並みが囲む、風光明媚な場所。秩父は夏と冬の寒暖差が大きいことでも知られているが、その独特の気候がウイスキー造りに適しているという。秩父蒸溜所が個性的な味わいのウイスキーを次々と生み出すことができるのは、「秩父の自然の恵みのおかげ」と言っても言い過ぎではないだろう。秩父は夏と冬の寒暖差が大きいことでも知られている。

Access

ベンチャーウイスキー 秩父蒸溜所

住所	埼玉県秩父市みどりが丘49
電話	0494-62-4601
URL	https://www.facebook.com/ChichibuDistillery
見学	不可（売店等も併設されていない）
営業時間	8:30〜17:30
休み	なし

秩父蒸溜所ストーリー

廃業目前から誕生したイチローズモルト

廃棄の危機から原酒を救う

　秩父蒸溜所を運営するベンチャーウイスキーの代表、肥土伊知郎。実家は江戸時代から続いた酒蔵で、1980年代に本場スコットランドにならった設備を導入し、本格的なウイスキーの製造を開始した。しかし、ウイスキー需要は低迷。売り上げ不振が続き、経営は傾いていくことに。肥土はそうした実家の危機を救うため、大手飲料メーカーを退職し、家業を手伝ったが、いよいよ経営が立ちいかなくなり、ついに会社は人手にわたることになった。

　羽生蒸溜所には20年間で造り上げた

400樽ものウイスキーの原酒があったが、譲渡先となる企業の方針で廃棄処分されることに。その方針を聞いた肥土は、原酒を守ることを決意。行動を起こすことにした。

　原酒樽の受け入れ先を自ら探すことにしたのだ。必死になってかけずり回っている肥土に救いの手が。福島県にある笹の川酒造（P62で紹介している安積蒸留所を経営）が「廃棄は業界の損失だ」と樽を預かることを申し出たのだ。

地道な努力が口コミで広がる

　樽の預け先である笹の川酒造の一角を

秩父蒸溜所の外観

笹の川酒造・安積蒸留所

質の高いウイスキー造りで国内はもとより、海外でも高い評価を得ている

借りて、その原酒をボトリングし、世に出すことを決意した。2004年にベンチャーウイスキーを立ち上げ、翌05年に自身の名を冠した「イチローズモルト」を発売した。

「イチローズモルト」といえば、今でこそ人気の高い銘柄だが、発売当初は全く無名の存在。肥土はその味を知ってもらうため、1日に3〜5軒、2年間で延べ2000軒のバーを巡ったという。そうした地道な活動が実り、口コミで「イチローズモルト」のファンが増えていった。

06年には本場イギリスのウイスキー専門誌『ウイスキーマガジン』のジャパニーズモルト特集で、最高得点のゴールドアワードに選出。世界最高のウイスキーを決める「ワールド・ウイスキー・アワード」では17年から合計6度も表彰されるなど、その質の高さが評価された。

質の高さが認められると「イチローズモルト」の評判は瞬く間に世界へと広がり、その後のジャパニーズウイスキーブームの火付け役となったのだ。あの時、そのまま原酒が廃棄されていたら……。そんな物語を知ると、イチローズモルトはさらに味わい深く感じるのではないだろうか。

長野県宮田村 ❖ 本坊酒造 マルス駒ヶ岳蒸溜所
シングルモルト駒ヶ岳 2023 エディション

「マルスウイスキー生みの親」と称される
岩井喜一郎の精神を受け継ぐ蒸溜所のウイスキー

Japanese Craft Whisky

こだわりの設備で
極上の逸品に

　バーボンバレル、シェリーカスク、ポートカスク熟成原酒をヴァッティングした2023年限定瓶詰のシングルモルトウイスキー。アルコール精製技術の第一人者として知られる岩井喜一郎の設計を受け継いだ蒸留釜をはじめ、糖化槽、ステンレス発酵槽や木桶発酵槽など、特色ある設備で製造された逸品は、味、香りともに極上そのもの。仕込みに使う水は中央アルプスの山々に降り注いだ良質な軟水だ。

おすすめの
飲み方

ストレート

よく合う
おつまみ

ナッツ類

KOMAGATAKE
Single Malt
Japanese Whisky
Non-Chill Filtered
MARS SHINSHU DISTILLERY
PRODUCED BY
HOMBO SHUZO CO., LTD., JAPAN
ウイスキー　　50% ALC by VOL 700ml

2023 EDITION

Distilled and Matured in Miyada, Shinshu

Taste　　　味

プラムや柿のような
味わいをまとう

　3種類のカスク原酒を合わせることで複雑で奥深い味わいに仕上げながら、トータルバランスにも優れた一品。干しプラムのような味わいと熟した柿を感じさせる濃厚な甘みがふわっと広がる。

Scent　　　香り

シェリー樽由来の
濃密なフレーバー

　香ばしくコクのあるヘーゼルナッツや芳醇でふくよかなメープルシロップの香りを思わせるフレーバー。バッティングしたシェリー樽が由来となった濃密な香りを楽しみたい。

Data

種別	シングルモルト
原材料	モルト
度数	50%
容量	700ml
価格	8,000円（税別）

クリーンでリッチなウイスキー造りを

製造主任兼ブレンダー 河上國洋さん

当蒸溜所は、「クリーンでリッチ」なウイスキー造りを目指しています。「シングルモルト駒ヶ岳 2023エディション」も中央アルプスの冷涼な気候が育んだナチュラルなテイスト。繊細でありながらふくよかで柔らかい味わいを感じていただければ。四季の移り変わりが豊かに育んだウイスキーをぜひ楽しんでください。

LINE UP こちらも飲みたい！

シングルモルト駒ヶ岳 2022エディション

バーボンバレルで熟成させた原酒を主体に、シェリーカスク熟成原酒とポートカスク熟成原酒でアクセントをつけた2022年限定瓶詰のシングルモルトウイスキー。高級感のあるエレガントな香りと、熟した果実のようななめらかで深みのある風味を楽しめる。

Data

種別	シングルモルト
原材料	モルト
度数	50%
容量	700ml
価格	8,000円（税別）

シングルモルト駒ヶ岳 2021エディション

バーボンバレルとシェリー樽で熟成したモルト原酒を主体にバッティング。少し重めの飲み口と、フルーティーな風味が後を引く一品に仕上がった。しっかりとしたコクと甘みを感じられるハイクオリティーなバランスに、ウイスキー愛好家から絶賛の声が上がっている。

Data

種別	シングルモルト
原材料	モルト
度数	48%
容量	700ml
価格	7,600円（税別）

本坊酒造 マルス駒ヶ岳蒸溜所

本物のウイスキー造りを目指して

　1872年創業、鹿児島県で焼酎の酒蔵として始まった本坊酒造がウイスキーの製造免許を取得したのは1949年のこと。アルコール精製技術の第一人者として知られた岩井喜一郎の指導のもと、初めてとなるウイスキーの製造を開始している。その後、岩井の設計・指導のもと、山梨県でウイスキー蒸留工場を竣工し、本格的にウイスキー事業に参入。1985年に「日本の風土を生かした本物のウイスキー造り」を目指し、さらなる理想の地として長野県に建設したのがマルス駒ヶ岳蒸留所だ。

　長野中央アルプスの麓にある冷涼な気候で、じっくりと熟成され、形となったのが「駒ヶ岳」を冠にした「シングルモルト駒ヶ岳」シリーズだ。数々の世界大会で金賞を受賞するなど、内外で高い評価を得ている。

　蒸溜所が稼働している時期には普段うかがい知ることのできないウイスキー造りの設備をはじめ製造工程が見学できる。ビジター棟ではオーセンティックな雰囲気の中で、ウイスキーを味わえる。興味のある方はぜひ足を運んでほしい。

Japanese Craft Whisky

Commitment こだわり

設備と自然と造り手の技が
三位一体となったウイスキー

　岩井喜一郎の設計を受け継いだ蒸留釜をはじめ、糖化槽、ステンレス発酵槽や木桶発酵槽……。2020年に全面リニューアルとなり最新設備となっている。中央アルプスの自然の恵みと、長年継承され続けてきた造り手の技で造られるのが、マルス駒ヶ岳蒸溜所のウイスキーだ。設備、自然、技術の三つのうちどれ一つ欠けても、その味と香りを造り出すことができなかっただろう。

Location ロケーション

クリーンでリッチな味わい
駒ヶ岳の天然水

　ウイスキー造りに最適な環境を求めて辿り着いたのは、中央アルプス山系「木曽駒ヶ岳」の麓だった。標高798m。澄んだ空気と美しく緑深い森に囲まれたこの地の特徴は、水質が良いこと。3000m級の山々に降り注いだ雨や雪解け水は、花崗岩土壌をくぐり、天然のミネラル分をたっぷりと含んだ水となる。そんな自然の恵みが生んだミネラルウオーターがマルスウイスキーのベースとなっている。

Access

本坊酒造 マルス駒ヶ岳蒸溜所

住所	長野県上伊那郡宮田村4752-31
電話	0265-85-0017
URL	https://www.hombo.co.jp/
見学	可
営業時間	9:00〜16:00
休み	年末年始、臨時休業あり
アクセス	JR飯田線駒ヶ根駅よりタクシーで10分

富山県砺波市 ❖ 三郎丸蒸留所

シングルモルト三郎丸III

アイラ島のピートで燻された麦芽で仕込んだ多彩な表情を見せる銘柄。
スモーキーで力強い味わいはアイラバーも絶賛の味

完売必至の人気シリーズ

　2020年にはシングルモルト「三郎丸0」、2021年に「三郎丸I」、2022年にシングルモルト「三郎丸II」を発売。決して安価とはいえないこの三郎丸シリーズだが、発売したものは全て完売という人気ぶりだ。そして、三郎丸シリーズ初のアイラ島のピートで燻された麦芽を使用したものが、2023年発売の「三郎丸III」だ。アイラモルト特有のスモーキーさがしっかり堪能できる。

おすすめの
飲み方
▼
ストレート、ロック、
ハイボール

よく合う
おつまみ
▼
スモークサーモン、
ナッツ、
ドライフルーツ

Taste　　　味

力強さと甘さが程よく調和

　度数に対してやや穏やかな口当たりと、追いかけるスモーキーさが特徴。樽のウッディーさやとろろ昆布などの出汁感の厚みも感じる。やさしい甘さとともに、ピート香のフィニッシュへとつながる。

Scent　　　香り

上品かつ広がりのある独特のフレーバー

　柑橘系から林檎系のフレグランスに、樽のウッディーさ、灰や苔などの乾いた強いピート香が広がる。かすかに根菜や黒胡椒などのアタックも感じ、上品ながらも広がりのあるフレーバーだ。

Data

種別	シングルモルト
原材料	モルト
度数	48%
容量	700ml
価格	13,500円（税別）

世界に愛されるウイスキーを

マネージャー兼マスターブレンダー 稲垣貴彦さん

三郎丸蒸留所の特徴であるスモーキーでリッチな香味を表現するために、アイラ島の海のピートやスコットランド本土の内陸のピートなどを使った、さまざまな原酒を組み合わせて香味を引き出しています。クラウドファンディングでのみなさまからの支援を胸に、多くの人に愛されるウイスキー造りに日々挑戦し続けていきます。

Japanese Craft Whisky

LINE UP こちらも飲みたい！

三郎丸蒸留所のスモーキーハイボール

日本で初めて開発された、その名も「スモーキーハイボール缶」。世界初の鋳造製ポットスチル「ZEMON（ゼモン）」で蒸留した原酒を使用している。バーで飲むハイボールを缶で手軽に味わうために特別なブレンドを行った。ウイスキーとソーダのみで作った人気の本格ハイボール缶だ。

Data

種別	ハイボール
原材料	モルト・グレーン
度数	9%
容量	355ml
価格	328円（税別）

十年明Noir

三郎丸蒸留所のモルトウイスキーをキーモルトとしてブレンドし、奥行きのある味わいに仕上げている。ほんのりとしたピートスモークの香りにモルトの甘さが漂う。十年明という名は、三郎丸蒸留所の近くにある菜の花畑が広がっていた土地の名前に由来している。

Data

種別	ブレンディッドウイスキー
原材料	モルト・グレーン
度数	46%
容量	700ml
価格	4,480円（税別）

三郎丸蒸留所

クラウドファンディングで新たなスタート

若鶴酒造は1862年から酒造りを始め、1952年にウイスキー製造を開始した北陸初のウイスキー蒸留所だ。

若鶴酒造が初めて世に送り出したウイスキーが「サンシャインウイスキー」。「戦争の中ですべてを失った日本で水と空気と太陽光線からできる蒸留酒によってふたたび日をのぼらせよう」という思いからつけた名称だ。

長い歴史のある蒸留所だけに数々のドラマを持っている。

その一つが1953年の出来事。蒸留室が火元となった火災によって約2100㎡ある工場が全焼してしまったのだ。それでも、地元の人々の協力を得て、半年もかからず再建に成功したという。

工場再建から64年経った2016年には、老朽化した工場を建て直すためのクラウドファンディングに挑戦し、三郎丸蒸留所としてスタート。予想以上に反響が大きく、目標額をはるかに上回る支援が集まった。地元はもちろん、世界中のウイスキー愛好家からの支えがあって、三郎丸蒸留所の今がある。

Japanese Craft Whisky

Commitment こだわり

世界で初めての
鋳物製ポットスチルを開発

　銅が90%、錫が8%含まれる銅錫合金で作られたポットスチル「ZEMON」を使用。ZEMONは錫が8%含まれているという点がポイントである。錫は酒の味をまろやかにする効果があると言われており、古くから酒器や焼酎の冷却器に使用されている。この鋳物製ポットスチルを開発し導入したのは2019年のこと。このような進化を止めない三郎丸蒸留所の姿は、世界からも注目を集めている。

Location ロケーション

良質な水が支える
北陸唯一の蒸留所

　富山県砺波市にある三郎丸蒸留所は北陸最古の蒸留所だ。仕込み水として使用している庄川の水は、もちろん若鶴酒造で造り出す日本酒にも使用されている。また、樽材には富山県産のミズナラを使用。ミズナラといえば、海外では「ジャパニーズオーク」との代名詞もあるほど、高い評価を受けている素材だ。そんな豊かな水と自然の恩恵を受けながら日々の酒造りを続けている。

Access

三郎丸蒸留所

住所	富山県砺波市三郎丸208
電話	0763-37-8159
URL	https://www.wakatsuru.co.jp/saburomaru/
見学	可
営業時間	10:00〜14:30（ショップは10:00〜16:30）
休み	水曜
アクセス	JR城端線油田駅より徒歩1分

兵庫県明石市 ✤ 江井ヶ嶋蒸留所
シングルモルトあかし

日本一海に近い場所で大正時代から休むことなく造りを続けてきた力作。
長年にわたって多くのファンを魅了している

個性ある
地ウイスキー

　3年熟成のバーボンバレルとシェリーカスクをブレンドしたシングルモルトウイスキー。上品な甘さとほどよいスパイシーさ、そして瀬戸内海にほど近い蒸留所ならではの甘じょっぱい味わいも特徴だ。飲み口はまろやか。やわらかな甘みの中にコク深さが広がり、飲み進めるうちに複雑な香りがひとつにまとまる。食事に合わせるのもおすすめで、加水するとまろやかさが引き立つ。

**おすすめの
飲み方**

ストレート、ロック、
水割り、
ハイボール

**よく合う
おつまみ**

チョコレート、ナッツ、
ドライフルーツ

Taste　　　　　味

すっきりさの中に
スモーキーさが同居

　酸味のあるダークチョコレートにレーズンのような、コクのある甘さの中に、ほんのりとした潮風の風味も。すっきりとしていながら、ピートならではのスモーキーさも楽しめる。

Scent　　　　　香り

ピート香の奥にある
甘いフレグランス

　ヘビリーピーテッド麦芽を使用していることから、開封前から燻製香があふれる。フルーティーな香りをまとい、カシスやプルーンなどの果実とバニラやハチミツなどのエレガントな甘さも漂う。

Data

種別	シングルモルト
原材料	モルト
度数	46%
容量	500ml
価格	3,800円（税別）

Japanese Craft Whisky

大切なのは素材と造り手の心

ブレンダー **大川哲太**さん

清酒「神鷹」で知られる江井ヶ嶋酒造が1984年に開設した蒸留所です。日本酒造りと同様、原料にこだわり、素材の持ち味を最大限に引き出すための手間を惜しみません。「誠実」という社訓をしっかりと守り、日常の疲れを忘れられて、ほっとひと息つける安らぎのウイスキーを作っていきたいと思っています。

Japanese Craft Whisky

LINE UP こちらも飲みたい！

シングルモルト
江井ヶ嶋QUARTET

4種類の異なる樽をバッティングすることで生まれた、味わい深いシングルモルトウイスキー。複雑に絡み合うフルーティーで華やかな味わいの四重奏（カルテット）を楽しむことができるだろう。口当たりは軽くて爽やか。やわらかい樽のニュアンスも心地よい。

Data

種別	シングルモルト
原材料	モルト
度数	55%
容量	500ml
価格	10,000円（税別）

ブレンディッド江井ヶ嶋
シェリーカスクフィニッシュ

英国産麦芽100%にこだわったモルトウイスキーとグレーンウイスキーをブレンドした後、シェリー樽で1年後熟。シェリー樽後熟ならではの華やかな風味が特徴だ。ドライプルーンを思わせる凝縮感のある味わいや、リッチな甘み、なめらかさがあり飲みやすい。

Data

種別	ブレンデッド
原材料	モルト・グレーン
度数	50%
容量	500ml
価格	3,000円（税別）

江井ヶ嶋蒸留所

日本酒造りの技術を生かした唯一無二の蒸留所

　明治時代中期の1888年に創業した老舗酒造が設立した江井ヶ嶋蒸留所。常に時代の先を読むことで、新たな需要をキャッチし続けてきた。ウイスキー造りを始めたのも、その先見性の賜物だろう。

　蒸留工場を竣工し、「ホワイトオークウイスキー」を誕生させたのは、時代が大正に変わった1919年のことだった。戦争や不況の中でも、ひたむきに、そして地道に製造を続けてきたという。その後、昭和に入った1963年には山梨県にワイナリーも竣工した。さまざまなニーズに応える総合酒類メーカーとして名声をとどろかせている。

　江井ヶ嶋蒸留所のウイスキー造りの特徴の一つは、仕込みの段階で日本酒造りの技を取り入れていること。そのため、和食にもしっかりなじむ。そうした繊細さと個性ある味わいには、守り続けている伝統が注ぎ込まれている。あらゆるところに日本伝統の技術を取り入れ、唯一無二の味わいを造り出している。日本で最も海に近い場所にあることからも、まさに「日本のアイラ」と呼ぶにふさわしい存在だ。

Commitment こだわり

あくなき酒造りへの
情熱と探究心

　江戸時代初期のころから酒造りが盛んだった明石市西部地区の浜手にある、江井ヶ嶋蒸留所。初代社長の卜部兵吉の情熱と探究心は、歴史を重ねた現在でも受け継がれており、日本のウイスキーの歴史とともに歩み続けている。当たり前のことをしっかりと守り抜くことを徹底し、スコッチウイスキーの伝統を踏襲。さらに新しいことにも挑戦し続けるというスタイルが長年愛される理由だろう。

Location ロケーション

酒造りが盛んな
明石の老舗蒸留所

　目の前には瀬戸内海が広がり、遠くに淡路島を望む、穏やかな播磨湾に面した日本で最も海に近い蒸留所。この辺りが近畿有数の酒どころと呼ばれているのは、六甲系の花崗岩と海岸の貝殻層を通って湧き出る良質な水源と明石の潮風という最高のテロワール（土地）に恵まれているからだ。そうした自然の恵みに加え、ウイスキーを楽しく飲んでほしいという造り手の思いをたっぷり盛り込んでいる。

Japanese Craft Whisky

Access

江井ヶ嶋蒸留所

住所	兵庫県明石市大久保町西島919
電話	078-946-1001
URL	https://www.ei-sake.jp/whisky.html
見学	可（完全予約制）
営業時間	9:00〜16:00（見学は週1回（14:00〜）の予約制）
休み	土曜・日曜・祝日
アクセス	山陽電車西江井ヶ島駅より徒歩8分

宮崎県木城町 ❖ 尾鈴山蒸留所
OSUZU MALT Chestnut Barrel

自家栽培した大麦を手作業でモルティングした麦芽を使用した、
純粋無垢なオリジナルウイスキーがここに

オリジナル性の高い 至極の1本

尾鈴山蒸留所の黒木信作社長が運営する農業生産法人「甦る大地の会」で育てた大麦を丁寧に手作業でモルティング。宮崎県産の栗の木とアメリカンオークを使った樽の中でじっくり3年間熟成させたオリジナリティーあふれる1本だ。

試してみたい人には200mlサイズ、特別な贈り物や自分へのご褒美にはギフトボックスがおすすめ。

おすすめの 飲み方
ストレート、ロック、ハイボール

よく合う おつまみ
チョコレート

Taste　　　　味
滑らかな舌触りと 香ばしさが同居

甘くて香ばしいモルトの味わいに、宮崎県産の栗とオークの樽の余韻が見事に調和したウイスキー。とにかく酒質が滑らかで口当たりが良く、一度飲んだら忘れられないほどの甘美な仕上がりだ。

Scent　　　　香り
麦芽本来の香りと 甘いカラメルが誘う

原材料の麦芽の香りが、ピュアでありながらもしっかりと感じられるのが魅力。独自の蒸留技術によって生み出される、甘くてまろやかなカラメルを思わせる香りに思わず誘われてしまう。

Data

種別	シングルモルト
原材料	モルト
度数	59%
容量	700ml
価格	14,540円（税別）

蒸留酒の可能性を追求し続けたい

代表取締役 黒木信作さん

尾鈴山蒸留所のこれまでを振り返ると、挑戦の連続でありました。長い歴史を重ねてきましたが、現在の形が完成形ではなく、これからも挑戦と変化をし続けることで不変の本質が生まれると信じています。だからこそ、さらなる可能性を追求する精神を持ち続け、"新しい蒸留酒"としてウイスキーを育てていきたいと思っています。

LINE UP こちらも飲みたい！

OSUZU MALT
Cedar Barrel

P42で紹介した「Chestnut Barrel」と同じく、自家栽培の大麦を使ったモルトで製造。好評を博したシリーズだけあって期待が膨らむ。こちらは宮崎県産の杉とアメリカンオークを使い、の中で3年熟成させたもの。「Chestnut Barrel」と味・香りの違いを楽しむのも一興だ。

Data

種別	シングルモルト
原材料	モルト
度数	46%
容量	700ml
価格	12,300円（税別）

尾鈴山蒸留所

人と自然が織りなすここでしか造れない1本

麦焼酎「百年の孤独」で知られる黒木本店。尾鈴山蒸留所はその別蔵として1998年に開設された。その後もしばらくの間、焼酎を造り続けている。ウイスキーの蒸留をスタートさせたのは2019年になってからのことだ。

「酒造りは水に始まる」。古くから世界中の酒造りの現場で語り継がれてきた定説にならって、良質な水を求めるところから蒸留所造りは始まった。さまざまな場所へ足を運び、ようやく辿り着いたのが、杉・檜・ブナ・カエデ・ミズナラなどの木々に囲まれた緑豊かな尾鈴山塊。その自然の雄大さと力強さに心を奪われたという。

尾鈴山蒸留所での酒造りの基本は、緑深き大自然に人の叡智や技を融合させること。例えば、適度に水分をコントロールしてくれるという木の持っている性質を存分に生かすため、麹造りをする室や醪を造る桶にも全て木を使用する徹底ぶりを見せている。

尾鈴山でしか造れないものを。真っすぐな想いで極上の1本を造り出す。

Commitment こだわり

手間のかかる作業こそ
手作業を貫く

「できることは全て手作業で」。決して簡単なことではないが、あえてそこに手をかけるのが尾鈴山蒸留所のこだわりだ。例えば麹の発酵。職人が室の中に入り、自らの手で麹を広げていく。

また、できる限り尾鈴山の資源を生かすこともこだわりの一つだ。使用する水は尾鈴山によって磨かれた軟水のみ。発酵槽には、耐久性が高く曲げやすい地元の飫肥杉を使用している。

Location ロケーション

山と水に囲まれた
魅力的な土地

北に万吉山、南に矢筈岳や黒岳を従える宮崎県有数の山域、尾鈴山塊。その主稜が標高1400mを越える尾鈴山だ。大小30あまりの滝を擁し、水の豊かな山域としても知られている。

全ての工程において良質な水を使って仕込んだウイスキー。熟成させるのももちろん豊かな自然をたたえる尾鈴の山中だ。尾鈴山の自然の恵みが詰まった1杯を、その舌と鼻で感じてみては。

Access

尾鈴山蒸留所

住所	宮崎県児湯郡木城町大字石河内字倉谷656-17
電話	0983-22-3973
URL	https://osuzuyama.co.jp/
見学	不可
営業時間	黒木本店／平日9:00～17:30
休み	土曜・日曜・祝日
アクセス	JR日豊線高鍋駅よりタクシーで約40分

山形県遊佐町 ❖ 遊佐蒸溜所
YUZA 2023

遊佐蒸溜所のウイスキーの"原点"ともいえる、蒸溜所の個性を表現した1本。
細部まで手を尽くした至極の渾身作だ

トータルバランスに
こだわった1本

コンセプトは「原点」。何事も基本を大切にするのが遊佐蒸溜所のハウススタイルだ。熟成年数4年弱。こだわりの100%バーボン樽原酒を使用し、クリーンでフルーティーな遊佐蒸溜所らしい個性を表現している。

ごく少量のピート原酒をバッティングすることで見事にバランスが取れた仕上がりに。フレッシュ感と厚みのある味わいが秀逸だ。

おすすめの
飲み方
⌄
ストレート

よく合う
おつまみ
⌄
遊佐町で古くから
愛されている鮭

Taste　　味

きめが細かく
優れたバランス

酒質はクリーンできめが細かく、なめらかで透明感のある口当たり。口に含むとフルーティーな味わいが広がりつつ、モルトの風味も感じさせるバランスの良い洗練された味わいだ。

Scent　　香り

バニラやハチミツの
アロマが重なる

フルーティーさをベースに、バニラやハチミツを思わせる甘いフレーバーが口の中に広がり、余韻まで心地よい。複雑でありながら一体感を感じさせる。まずはストレートでこの香りを堪能したい。

Data

種別	シングルモルト
原材料	モルト
度数	51%
容量	700ml
価格	12,500円（税別）

試行錯誤のすえ納得のいく一本に

製造課主任 **齋藤美帆** さん

「透明感あるフルーティーさ」という個性を表現しつつ、"定番"として楽しんでもらうにはどのような味わいがふさわしいのかと、何度も試行錯誤を重ねました。その結果完成した自信作です。ストレートでも味わってもらえるよう、度数も51度に調整しました。ぜひ"いつもの1杯"としてお楽しみください。

LINE UP こちらも飲みたい！

YUZA Third edition 2023

キーモルトには、希少なジャパニーズ・オークであるミズナラ樽熟成の原酒を使用し、バーボン樽、シェリー樽原酒とバッティング。遊佐蒸溜所の個性であるフルーティーさをベースに、心地よいバニラ、ほんのりとピートのアロマ、ミズナラ樽由来の重厚感が一体になっている。

Data

種別	シングルモルト
原材料	モルト
度数	55%
容量	700ml
価格	15,000円（税別）

YUZA Spring in Japan 2024
（※2024年4月発売予定）

遊佐蒸溜所のファーストフィルのバーボン樽を厳選し、キーモルトとしてシェリー樽原酒をバッティング。甘く華やかなアロマが広がり、なめらかでフルーティーな味わいが心地よい余韻へと導いてくれる。"遊佐蒸溜所らしさ"の中に更なる進化を感じさせる1本だ。

Data

種別	シングルモルト
原材料	モルト
度数	55%
容量	700ml
価格	15,000円（税別）

遊佐蒸溜所

採算度外視で品質の良さにこだわる

地元の清酒メーカー9社が共同出資して1950年に創業を開始した「金龍」が母体。長年郷土で愛されている焼酎「爽やか金龍」が代表銘柄だ。

ウイスキー事業を始めたのは2018年。酒造りの知恵や技術を活用し、焼酎以外にもう1本経営の柱を作りたいという思いから蒸溜所を設立した。設立当時のメンバーはたったの4人。バーボン樽しか手持ちがなく苦労の連続だったが、そのバーボン樽原酒をボトリングした処女作が国際的な品評会である「インターナショナル

スピリッツチャレンジ（ISC）」でゴールドを受賞。一躍脚光を浴びた。誕生時から本場スコットランドの伝統的な原料・機器・製法を用いて現在に至る。

遊佐蒸溜所の敷地面積は約4,550㎡、施設の延床面積は約620㎡と、ウイスキー蒸溜所としてはかなり小規模だ。それでも、日本酒や焼酎造りで培った「品質本位」の姿勢はこれからも揺らぐことはないだろう。コストと手間ひまを一切惜しむことなく、独自のクラフトウイスキー造りに日々励んでいる。

Commitment こだわり

スコットランドの設備や製法を導入

　ウイスキーに対するリスペクトの気持ちを込めて、発酵槽を除く製造設備はすべて本場スコットランドのフォーサイス社に一任している。例えば、発酵槽。昔ながらのものだが、保温性に優れ、木桶にすみつく細菌群が醸酵に好影響を与えているという。また、熟成方法もスコットランド流だ。土間に敷いたレールの上に樽を積み重ねる同国伝統のダンネージ方式を採用している。

Location ロケーション

2年かけて辿り着いたウイスキー造りの理想郷

　ウイスキーの味の6〜8割は熟成環境で決まると言われている。理想の環境を探し求めること約2年。ようやく辿り着いたのが、遊佐町吉出の地だ。絶えず湧き出る鳥海山の伏流水と新鮮で澄んだ空気が決め手になった。樽材を通して常に呼吸をしているウイスキーの原酒にとって、遊佐の自然環境はまさに理想郷。そんな場所で育まれた1本を、存分に味わいたい。

Access

遊佐蒸溜所

住所	山形県飽海郡遊佐町吉出字カクジ田20
電話	0234-25-5321
URL	https://yuza-disty.jp/
見学	不可
営業時間	8:15〜17:00
休み	8月および年末年始
アクセス	JR羽越本線遊佐駅よりタクシーで5分

静岡県静岡市 ❖ ガイアフロー静岡蒸溜所

シングルモルト静岡 ユナイテッドS

静岡蒸溜所のKとWという2つの原酒をブレンドしたシングルモルトウイスキー。
軽やかさを持ちながらも飲み応え抜群だ

Japanese Craft Whisky

飲み方によって異なる味わい

　日本製の蒸気加熱の蒸留機を使用した原酒「K」とオクシズの間伐材の薪を燃やし、800℃もの力強い直火で蒸留した原酒「W」。静岡蒸溜所の特徴である2種類の原種をブレンドしたシングルモルトウイスキーが「S」だ。華やかで軽やか、フルーティーなアロマが特徴で、ストレート、ロックなど加水の仕方によって異なる味わいが楽しめる。芳醇な香りを楽しむならトワイスアップがおすすめだ。

おすすめの飲み方

トワイスアップ、
ストレート、ロック、
ハイボール

よく合うおつまみ

ナッツ、
ドライフルーツ

Taste　味

静岡蒸溜所ならではの味わいを表現

　深みのあるやさしい甘みとまろやかな飲み口が特徴。静岡蒸溜所らしさを表現した1本だ。香ばしさともに、ピートがほんのりと口いっぱいに広がり、ほどよいキックを与えてくれる。

Scent　香り

香ばしさとフレッシュな果実の香り

　軽いピートにキャラメル、トーストされたパンの香り、ミントなどのハーブがミックス。加水すると青リンゴや洋梨のようなフルーツ香も混ざり合う。飲み方によってさまざまな表情を楽しめる。

Data

種別	シングルモルト
原材料	モルト
度数	50.5%
容量	500ml
価格	7,110円（税別）

美しい静岡の地で人々に愛されるウイスキーを造る

チーフブレンダー **大野道章**さん

　静岡蒸溜所のある地域は、美しい空気と緑に囲まれ、気候も穏やか。そして、すぐ隣には安倍川が流れています。この環境はウイスキーの製造と熟成に最適だと感じ、この地に蒸留所を開設することを決めました。地元の方々に愛されることはもちろん、国内外で愛されるようなウイスキーを造っていきたいです。

Japanese Craft Whisky

LINE UP こちらも飲みたい！

静岡 ポットスティルW
純外国産大麦 2024年版

ワールドウイスキーアワード（WWA）2024でも高く評価された、薪の直火蒸留機Wで蒸留をするポットスティルW。スコットランド産ノンピート麦芽を中心に、ピーテッド麦芽を程よくブレンド。パワフルなポットスティルWの味わいに、スモーキーさが加わっている。

Data

種別	ウイスキー
原材料	モルト
度数	55.5%
容量	500ml
価格	10,430円（税別）

静岡 ポットスティルK
純日本大麦 2023年版

世界でも珍しい、国産の大麦を100％使用したシングルモルト。繊細かつ独特の甘さが特徴の国産大麦を使用することで、蒸留機Kのライトでフルーティーな酒質がより一層感じられる1本だ。ノンピートタイプで、幅広い層の人が楽しむことができる味わいだろう。

Data

種別	ウイスキー
原材料	モルト
度数	55.5%
容量	500ml
価格	13,550円（税別）

ガイアフロー静岡蒸溜所

静岡の風土に根ざした静岡ならではのウイスキー造り

さまざまなモルトを原材料にして、どのような味わいになるのか試行錯誤を重ねている静岡蒸溜所。そんな同蒸溜所の一番の特徴は、地元である静岡産のモルトを使用しているという点である。

2015年には、ジャパニーズウイスキー業界で、「100%日本産モルトウイスキー」「100%静岡産モルトウイスキー」を製造するとの方針を宣言した。それから8年後となる2023年11月に、100%静岡産のシングルモルトウイスキーの製造が実現した。

静岡蒸溜所の地元・静岡へのこだわりはモルトだけには止まらない。発酵槽には静岡市で伐採・加工された杉材を使用している。ポットスチルを加熱する際に使う薪も、もちろん地元産だ。仕込み水として使用しているのは、安倍中河内川の伏流水である。

これこそまさに、静岡のテロワールを生かした、静岡でしかできないウイスキー造りだと言えるだろう。地元を愛し、地元の素材にこだわった静岡蒸溜所のウイスキー造りは、これからも変わることなく続いていく。

Commitment こだわり

タイプの違う
3基の蒸留機を活用

　ウイスキー造りで特に重要と言われているのが蒸留工程だ。静岡蒸溜所では世界でも希少なスコットランド製の薪の直火による初留釜「W」、軽井沢ウイスキー蒸留所から移設した初留釜「K」、そしてスコットランド製の再留釜「S」の3基の蒸留機を使い、異なる味わいの原酒を造り出している。なお、ポットスチルは奥静岡の間伐材である薪を使用。地元のきこりが手作業で薪にしているそうだ。

Location ロケーション

豊かな海と山の恵みの
奥静岡

　静岡蒸溜所があるのは、「オクシズ(奥静岡)」と呼ばれる地域。JR静岡駅から20kmほど北上した山あいに位置し、とても政令指定都市内にあるとは思えない風光明媚な場所だ。標高は200m前後。周囲を400m超の山に囲まれ、市街地よりも気温は常に2〜3度低い。野生動物も多く生息しており、子猿を背中に乗せた親猿が道を横断するという光景が見られることもあるそうだ。

Access

ガイアフロー静岡蒸溜所

住所	静岡県静岡市葵区落合555
電話	054-292-2555
URL	https://shizuoka-distillery.jp
見学	可
営業時間	見学スケジュールによる
休み	見学スケジュールによる
アクセス	JR東海道線静岡駅よりタクシーで45分

鹿児島県日置市 ❖ 嘉之助蒸溜所
シングルモルト嘉之助

3基のポットスチルで造り分けた原酒を、ロングセラーの
樽貯蔵焼酎「メローコヅル」にも使用したリチャーカスクで熟成

バーのような
心地よさに浸る

　厳選したノンピート麦芽を使用している「シングルモルト嘉之助」は、ウイスキー本来の風味を楽しめるようにとノンチルフィルターでボトリングされている。

　また、見学ツアー参加者だけが楽しめる嘉之助蒸溜所内のザ・メローバーからの絶景、東シナ海に沈む美しい夕日と水平線をモチーフにデザインされたラベルにも注目してほしい。一口含めば、まるでバーに訪れたようなメローな気分に浸れるだろう。

おすすめの
飲み方

ストレート、
トワイス・アップ

よく合う
おつまみ

燻製ナッツ、
チョコレート

Taste　　　　味

絶妙な重なりが生む
上品な甘苦さ

　どこか懐かしさを感じるかりん飴、程よい刺激を与えるシナモンやジンジャー・ハニー、醸したナッツの風味が重なって独特な味わいを生む。その上品な甘苦さは、穏やかにそして長く続く。

Scent　　　　香り

熟成した柑橘と
ほっとする甘さが融合

　しっかりと成熟した柑橘系のフレーバーの中でも、特にかりんのアロマが強く香る。そこにハニーやバナナ、レモンティーやキャラメルといった甘さが混ざり合う。ほっと落ち着く香りだ。

Data

種別	シングルモルト
原材料	モルト
度数	48%
容量	700ml
価格	9,000円（税別）

先輩が育んできた業界を担う

マスターブレンダー **小正芳嗣**さん

クラフトウイスキーの蒸溜所では珍しい3基のオリジナルポットスチルと、あくなき好奇心で多様なブレンドを生み出してきました。とはいえ嘉之助蒸溜所はウイスキー造りを始めたばかりの新参者。先輩方の努力によって育まれたジャパニーズウイスキーの信頼を汚さぬよう、誠意をもって精進していきたいと思います。

Japanese Craft Whisky

LINE UP こちらも飲みたい！

嘉之助
HIOKI POT STILL

焼酎蔵である日置蒸溜蔵にて単式蒸留器を使って丁寧に原酒を製造。嘉之助蒸溜所でアメリカンホワイトオークの新樽やバーボン樽による貯蔵でジャパニーズスタイルの1本に仕上げた。日を置いたような夕日が見られる地「日置」で生まれた新しいウイスキーだ。

Data

種別	グレーン
原材料	大麦・モルト
度数	51%
容量	700ml
価格	11,000円（税別）

嘉之助
DOUBLE DISTILLERY
（※2024年4月発売予定）

嘉之助蒸溜所と日置蒸溜蔵で造られたウイスキー、それぞれの個性を引き立たせる配合でブレンド。「メローコヅル」の誕生から67年、祖父の夢を受け継ぐ2人の兄弟とクラフトマンたちの手によって誕生した、嘉之助の歴史を象徴するような仕上がりとなっている。

Data

種別	ブレンデッド
原材料	大麦、モルト
度数	53%
容量	700ml
価格	13,000円（税別）

嘉之助蒸溜所

開拓者精神を引き継ぎ世界へ羽ばたく

　2017年よりウイスキーの生産をスタートした嘉之助蒸溜所。その母体となるのは1883年創業の小正醸造だ。二代目が手掛けた「メローコヅル」は日本で初めて樽貯蔵された米焼酎としてその名を広く知られている。

　焼酎の樽熟成をいち早く実践したパイオニアの名前 "嘉之助" と彼の思いを引き継いでウイスキー造りに足を踏み入れたのには、「世界共通の蒸溜酒であるウイスキーで認められることによって、バックボーンにある焼酎にも興味を持ってもらえ

るのではないか」という思いがあったからだという。

　現在のマスターブレンダーの小正芳嗣さんは四代目。2021年6月に初のシングルモルトのリリースを果たすと、2023年1月には定番商品を発表した。それは「メローコヅル」を世界へ……と奮闘した二代目の挑戦とも重なる。商品は「シングルモルト嘉之助」というウイスキーに変化したが、チャレンジスピリッツはそのまま受け継がれている。どのように進化していくのか、今後の行く末が楽しみな蒸溜所だ。

Commitment　　　　　　　　　　　　　　　こだわり

3基の蒸溜器で
オリジナルの味を

　世界的にみても、小規模な蒸溜所では蒸溜器2基が一般的なのだが、嘉之助蒸溜所ではそれぞれ容量の異なる3基を稼働させている。ランタンヘッドとストレート型が混在し、ラインアームもすべて角度が違う。さらに3基のうち1基は初留と再留どちらにも対応するユニークな仕様だ。これらのポットスチルを使用することで香りや味わいに変化を加え、多様な原酒を生み出しているのである。

Location　　　　　　　　　　　　　　　　ロケーション

広々とした吹上浜沿いに
各施設が点在

　鹿児島県薩摩半島の西海岸にある日置市。長さ約47kmにも及ぶ日本三大砂丘のひとつ吹上浜沿いに広がる約9000㎡の敷地内に、コの字型2階建ての本棟がある。
　南国でありながら寒暖差のある気候下のため貯蔵熟成された原酒は熟成が早く、まろやかで味わい深いウイスキーが仕上がるのだ。海からの風をはじめ自然の恵みを存分に受けた環境で、日々の仕込みや貯蔵が行われているのである。

Access

嘉之助蒸溜所

住所	鹿児島県日置市日吉町神之川845-3
電話	099-201-7700
URL	https://kanosuke.com
見学	可（水・金曜を除く、日曜も変動あり）
営業時間	10:00〜16:30（ショップ）
休み	月曜（臨時休業はHPを確認）
アクセス	JR鹿児島本線伊集院駅よりタクシーで15分

広島県廿日市市 ❖ SAKURAO DISTILLERY
シングルモルト桜尾

瀬戸内からの穏やかな潮風で造り出される、ミルキーな甘みと塩っぽいピート。
風味豊かなその味は長めの余韻が楽しめる

瀬戸内の塩の香りをまとった熟成樽

　3年という短い熟成期間にもかかわらず、深みのある仕上がりになっているのは、年間を通じて温暖な瀬戸内海特有の気候のおかげではないだろうか。

　ピーテッドモルトを配合した原酒を4種類の樽で熟成。それぞれをブレンドして仕上がったシングルモルトは、琥珀色の色合いが美しい。果実感やバニラの甘い香りを漂わせ、ほんのり苦い塩味をまとった風味豊かな味わいが特徴だ。

おすすめの飲み方
▼
ストレート

よく合うおつまみ
▼
ドライフルーツ・ナッツ・燻製チーズ

Taste　　味

潮風のニュアンスをほのかに感じて

　バニラの甘みや、完熟したブドウやオレンジなどのほどよい渋味と酸味、奥から潮っぽさをまとったピートが追いかける。ウッディーな香りや濃厚な甘い香りの余韻が長く続く点が特徴だ。

Scent　　香り

長く続く濃厚な甘い香り

　クリーミーな甘さがゆっくりと立ち上がり、口に含むとレーズンやオレンジ、桃の香りが広がる。フィニッシュはやさしいスモーキーさと濃厚な樽の甘い香りがふわりと鼻腔をくすぐる。

Data

種別	シングルモルト
原材料	モルト
度数	43%
容量	700ml
価格	6,000円（税別）

小さな規模で多彩な原酒を

蒸留責任者 山本奏平さん

当蒸留所は2017年に設立しました。歴史の浅い蒸留所ですが、実は1920年にウイスキー製造免許を取得しています。多種多様のお酒の製造経験や、多くの試行錯誤により、小さな規模でもバラエティーに富んだ原酒を作りだすことに成功しています。日々の挑戦を忘れず、信頼の味を作り上げていきたいと思っています。

LINE UP こちらも飲みたい！

シングルモルト
戸河内

熟成場所は、中国山地にあるトンネル内。山深い場所でゆっくりと熟成したその味は、まさに森林の香りを感じさせる。桜尾と異なる点は、ノンピートの原酒を1種類使用したこと。さらに熟成樽は熟成用に初めて使うバーボン樽という点。爽快で穏やか、キレのある余韻が際立つ。

Data

種別	シングルモルト
原材料	モルト
度数	43%
容量	700ml
価格	6,000円（税別）

シングルモルト
桜尾 シェリーカスク

深く赤みのある琥珀色がロマンティックな気分に浸らせてくれる1本。アルコール度数は50%と高めだが、まろやかな口当たりはさすがのひと言。熟した果実の贅沢な甘さと繊細な土っぽさ、そしてシェリー樽ならではのエレガントな味わいが複雑に絡み合っている。

Data

種別	シングルモルト
原材料	モルト
度数	50%
容量	700ml
価格	12,300円（税別）

Japanese Craft Whisky

SAKURAO DISTILLERY

海と山、それぞれの貯蔵庫で熟成

蒸留所を運営するのは1918年に中国酒類醸造合資会社として創業した老舗の酒メーカー。その2年後の1920年に免許を取得しウイスキーを製造していたが、1980年ごろからウイスキーの人気が低迷。やむなくウイスキー造りを休止することに。ジャパニーズウイスキーが脚光を浴びる中、企業のこれからを見据えた上で、「やはりウイスキー造りは欠かせない」ということになり、創業100周年を迎えるタイミングで蒸留所「SAKURAO DISTILLERY」をオープンした。

エステリー(熟成による甘く華やかな香り)なウイスキーを造るために、ハイブリッド型のスチルを採用しているのが特徴の一つ。さらに特筆すべきは、自然環境が異なる二つの貯蔵庫があるという点だ。一つは、瀬戸内の穏やかな潮風をエッセンスにした蒸留所内の"海の貯蔵庫"。そしてもう一つは、広島の山深い新緑の香りが漂うトンネル内にある"山の貯蔵庫"だ。

海と山という異なる環境によって味わいがどのように変わるのか、飲み比べて楽しめるのも、魅力と言えるだろう。

Commitment こだわり

地元とのつながりを 感じられる味を

SAKURAO DISTILLERYの経営理念に「地元の資源を使う」というものがある。現在使用しているのはスコットランド産の大麦麦芽だが、今後は地元広島産の大麦麦芽を使用していく予定だという。二つの貯蔵庫を持つことで、広島の海と山、それぞれの個性が引き立つ味わいを造り出しているのもこだわりだ。生産地の個性が表現できるようなウイスキー造りを目指している。

Location ロケーション

海と山に囲まれた 自然豊かな場所

広島湾にあるヨットハーバーに隣接するSAKURAO DISTILLERY。南に瀬戸内海、北には中国山地が広がる自然豊かな環境が深い味わいのウイスキーを造り出す。仕込み水には、小瀬川水系の伏流水の軟水を使用し、蒸留所内にある貯蔵庫では力強いほんのり潮風を含んだ味わいの「桜尾」を、山深い戸河内トンネル内の貯蔵庫ではマイルドで新緑の香り漂う「戸河内」を造り出している。

SAKURAO DISTILLERY

Access

住所	広島県廿日市市桜尾1-12-1
電話	0829-32-2111
URL	https://www.sakuraodistillery.com
見学	可
営業時間	10:00〜17:00
休み	日曜
アクセス	JR山陽本線廿日市駅より徒歩10分

Japanese Craft Whisky

福島県郡山市 ❖ 安積蒸溜所

YAMAZAKURA安積蒸溜所&4

安積蒸溜所の原酒をキーモルトとし、ウイスキー大国の原酒をブレンド。
さまざまな風味が重なり合うワールドブレンデッドウイスキーだ

多彩な味と香りが
重なり合う

　安積蒸溜所の原酒をキーモルトとし、世界5大産地であるアイルランド、スコットランド、アメリカ、カナダ、日本のウイスキー原酒を絶妙なバランスでブレンド。モルト由来の甘みや香ばしさ、やわらかな樽感、スモーキーさも加わったワールドブレンデッドらしい味わいに仕上げている。じっくりと時間をかけて熟成させることで、多彩な風味が見事にまとまった、バランスの優れた1本だ。

おすすめの
飲み方
▼
ストレート

よく合う
おつまみ
▼
にしんの山椒漬け、
イカ人参

YAMAZAKURA
安積
蒸溜所
ASAKA DISTILLERY
&4
WORLD BLENDED
WHISKY
NON CHILL-FILTERED NATURAL CO...
Sasanokawa Shuzo Co., Ltd. was founded in 1765 and ...
a license to produce whisky in 1946. This whisky is ...
five major whisky regions: Scotland, Ireland, USA, Cana...
Asaka's Japanese malt whisky whisky from Japan as the key ...
Sasanokawa Shuzo Co., Ltd. Japan
700ml 47% alcohol by volume 　ウイスキー

Taste 　　　　　　味

香ばしくスパイシーさの
中に甘さも

　スムーズに口の中に広がる厚みのあるモルトの味わいや香ばしさとともに、スパイシーさも感じられる。モルト由来の甘みとやわらかな樽感、ややスモーキーな余韻が絶妙なバランスを醸し出す。

Scent 　　　　　　香り

甘い風味と爽やかな
ハーブ香が同居

　メープルシロップを思わせるコク深い甘い香りにクリーンで優しいハーブ香が爽やかさをプラス。ストレートやロックはもちろん、ハイボールでも豊かな香りを長時間楽しむことができる。

Data

種別	ブレンデッド
原材料	モルト、グレーン
度数	47%
容量	容量：700ml
価格	4,000円（税別）

Japanese Craft Whisky

Japanese Craft Whisky

多種類の原酒をまとまりのある1本に

製造チーフ **黒羽祥平**さん

　酒質のまったく異なるウイスキーをブレンドしているので、安積のモルト原酒を主体とした味わいを構築するのには苦労しました。その結果、ブレンデッドタイプのウイスキーではありますが、安積蒸溜所のモルト原酒のおいしさが最大限引き立ちつつ、さまざまな原酒の個性がバランス良くまとまった1本になったと思います。

LINE UP こちらも飲みたい！

シングルモルト
安積2023エディション
（数量限定）

バーボンバレル・ノンピートの安積原酒を中心に厳選した原酒をブレンドした味わい深いシングルモルトウイスキー。ほのかに香るピート香、軽快な柑橘系の酸味と爽やかな香りがする。樽由来の甘さとモルトの旨味、ほどよくバニラが香るライトなボディー感が特徴だ。

Data

種別	シングルモルト
原材料	モルト
度数	50%
容量	700ml
価格	11,000円（税別）

ピュアモルト
YAMAZAKURA

オーク樽で5年以上熟成されたモルトとシェリー樽で熟成されたモルト、ピーテッドモルトをバランスよくブレンド。モルトのリッチな味わいとシェリー樽由来のやわらかな果実香、なめらかで甘めの口当たりに加え、程よいスモーキーフレーバーを楽しむことができる。

Data

種別	ピュアモルト
原材料	モルト
度数	49%
容量	700ml
価格	5,800円（税別）

安積蒸溜所

「北のチェリー」と呼ばれ1980年代に一大ブーム築く

酒蔵としての歴史は古く、創業は1710（宝永7）年にまでさかのぼる。当時は日本酒の醸造を続けたが、戦後の米不足と欧米文化の流入があいまって、1946年にウイスキー製造免許を取得。「チェリーウイスキー」の販売を始めた。1980年代のウイスキーブームでは驚異的な売り上げを記録。「北のチェリー、東の東亜、西のマルス」と呼ばれるなど人気を博した。しかし、好況は長く続かず、時代の流れとともにウイスキーはいつしか日陰の存在に。熟成樽は蔵の奥で眠ることになった。

そんな状況が一変したのは2014年のこと。蔵で貯蔵していたウイスキーを「YAMAZAKURA」としてリリースしたのだ。新たに瓶詰めされたその逸品は、想像をはるかに超える反響を呼び、話題の商品となった。

その後、2016年に「安積蒸溜所」として始動。ウイスキー造りを再開した。寒暖差の大きい郡山の気候が生み出す独特の香りや味わいが安積蒸溜所ならではの個性を生み、その個性を楽しむファンが多数いる。

Japanese Craft Whisky

Commitment こだわり

設備や製法は
スコッチの伝統を継承

　木製の発酵槽で長い時間をかけてじっくりもろみを造り込むなど、伝統的なスコッチウイスキーの製法を習得し、取り入れている。また、バーボン樽・ミズナラ樽・サクラ樽・ワイン樽・シェリー樽・清酒熟成樽・ビール樽など多種多様な樽で原酒を製造しているほか、形状にこだわったポットスチルやマッシュタンを完備するなど、真摯にウイスキーと向き合っている。

Location ロケーション

独特の風土が
独特のウイスキーを生む

　安積蒸溜所のある福島県郡山市は、周りを会津磐梯山などの山々に囲まれた盆地。山から吹き下ろす寒風が吹く冬は寒いが、夏は盆地特有の蒸し暑さを感じる。こうした激しい寒暖差のある気候が、芳醇なウイスキー造りに適している。仕込みに使われる水は、日本三大疏水の一つの「安積疏水」。寒暖差の大きな気候と清冽な水が、上質のウイスキーを生み出している。

Access

安積蒸溜所

住所	福島県郡山市笹川1-178
電話	024-945-0261（笹の川酒造）
URL	https://www.sasanokawa.co.jp/asaka-distillery/
見学	可（毎週水曜14:00〜、完全予約制）
営業時間	9:00〜16:00（ショップ）
休み	土曜・日曜・祝日
アクセス	JR水郡線安積永盛駅より徒歩約15分

滋賀県長浜市 ❖ 長濱蒸溜所

WORLD MALT WHISKY AMAHAGAN Edition No.1

日本で一番新しく、一番小さな蒸溜所と言われる長濱蒸溜所。
一風変わった銘柄は長濱のローマ字表記を反対から読んだものだ

芳醇な香りが楽しめる
ブレンデッドモルト

　ウイスキー造りにおいて重要な「ブレンド」の工程に焦点を当て、生み出された長濱蒸溜所のブレンデッドウイスキーの第一弾。海外のモルトをベースに長濱蒸溜所のモルトを絶妙にブレンドしている。芳醇な香りが十分に楽しめるようアルコール度数を47度に調整してボトリング。使用原酒は比較的若めだが、度数の割にはアルコールの強さを感じさせないやわらかな味わいが特徴だ。

おすすめの
飲み方
⌄
ストレート、ロック、
ハイボール

よく合う
おつまみ
⌄
ミックスナッツ

Taste　　味

強めのアタックからの
甘い余韻に浸る

　海外のモルトに、長濱蒸溜所独自のモルト原酒をブレンド。アルコール度数が47度と高く強めのアタックが印象的だが、クッキーやバニラビーンズなどの独特の甘さもあり、華やかな余韻が楽しめる。

Scent　　香り

リッチな気分にさせる
甘く香ばしい香り

　長濱モルト由来の甘い麦芽の香りと、オレンジチョコレートを連想させる温かみのあるフルーティーなフレイバーが混ざり合う。どこか懐かしく、リッチな気分にさせてくれる。

Data

種別	ワールドブレンデッド
原材料	モルト
度数	47%
容量	700ml
価格	5,500円（税別）

日本最小規模の蒸留所から世界へ

フレンダー 屋久佑輔さん

2016年に長濱浪漫ビールに併設する形で蒸留所をスタートした、日本においても最も小規模な蒸留所です。そんな長濱蒸溜所が目指しているのは世界。「ブレンド」にこだわり尽くした「AMAHAGAN」は、バーボン樽熟成によるバニラ香が特徴です。どんな方でも飲みやすいくせのない味わいを目指しています。

 LINE UP こちらも飲みたい！

AMAHAGAN Edition No.3
Mizunara Wood Finish

「AMAHAGAN Edition No.1」をベースに、オリエンタルな個性が引き立つ国産のミズナラ樽で後熟した。グラスに注ぐと、時間の経過につれミズナラのやさしいニュアンスが引き立つ。甘みや香ばしさの後、ビター系チョコレートの豊かな余韻を楽しめる。

Data

種別	ワールドブレンデッド
原材料	モルト
度数	47%
容量	700ml
価格	7,500円（税別）

AMAHAGAN Edition 山桜

「AMAHAGAN Edition No.1」をベースに、日本原産の山桜を使った樽で後熟した。桜餅や梅にも似た山桜の香りは、まさに「和」のニュアンスを感じさせる。紅茶のようなリーフィーな渋みでまとめる独特の味わいは海外の評論家や愛好家からの評価も高い。

Data

種別	ワールドブレンデッド
原材料	モルト
度数	47%
容量	700ml
価格	6,500円（税別）

Japanese Craft Whisky

長濱蒸溜所

スコットランドの小規模蒸留所が手本

長濱蒸溜所は、地ビールを造る長濱浪漫ビールの創立20周年の記念事業としてスタートした蒸留所だ。麦汁を作るまではビールもウイスキーもあまり変わらないため、ウイスキー造りの前半工程である仕込みと発酵は、ビール造りで使用している設備を使用する。

ウイスキー造りの後半工程である蒸留の作業もまた、小さな蒸留室で行うというコンパクトさが特徴。この独自のスタイルは、スコットランドにあるニューウェーブと呼ばれる小規模蒸留所からヒントを得たのだという。

そんな小さな蒸留所が造った「AMA-HAGAN Edition No.3 Mizunara Wood Finish」は2020年に権威あるウイスキーの国際的なコンテスト「ワールド・ウイスキー・アワード（WWA）2020」で最高賞を受賞。それを機に、じわじわと注目を集めるようになり、異例のスピードでその名が国内外に知れわたっている。

日本で一番規模は小さいかもしれないが、志の大きさについては負けるつもりはない。そんな意気込みが伝わる。

Japanese Craft Whisky

Commitment こだわり

100年後を見据えた ウイスキー造り

　琵琶湖の北に位置する長浜にある小さな蒸留所だが、抱く夢は非常に大きい。

　「やってみよう」の精神で何事にもチャレンジするマインドは、蒸留所の設立を約7カ月で行ったという脅威的なスピードにも表れている。

　ウイスキーのコンセプト造りにもこの精神は表れており、アーティストやアニメ、ゲームなど異業種とも積極的にコラボを行っている。

Location ロケーション

ユニークな熟成庫も 長濱蒸溜所ならでは

　琵琶湖のほど近くにある長濱蒸溜所は、霊峰伊吹山から流れる良質な伏流水を使用してウイスキー造りを行っている。熟成場所はとてもユニーク。地元にある廃校になった学校の校舎や、誰も通ることのなくなった廃トンネルを活用しているのだ。このほか、琵琶湖のパワースポットとも呼ばれる竹生島や遠く離れた沖縄で熟成中の樽も存在しているという。これも長濱蒸溜所の特徴の一つだ。

長濱蒸溜所	Access
住所	滋賀県長浜市朝日町14-1
電話	0749-63-4300
URL	https://www.romanbeer.com/whisky/
見学	可
営業時間	11:30〜15:00（LO14:30）17:00〜21:30（LO20:15） 土曜・日曜・祝日のみ11:30〜21:30（LO20:15）
休み	火曜
アクセス	JR北陸本線長浜駅より徒歩5分

鹿児島県南さつま市 ❖ 本坊酒造 マルス津貫蒸溜所
シングルモルト津貫 2024エディション

創業の地で造られるシングルモルトウイスキーは、
温暖な気候と良質な水資源に恵まれた津貫ならではの1本だ

Japanese Craft Whisky

期待値が高まる
年号エディション

2022年に発売された初めての年号エディションシリーズから数えて3本目となる「シングルモルト津貫2024エディション」。津貫の地で蒸留したシングルモルトウイスキーとしては5本目のリリースである。

バーボンバレルやシェリーカスクを主体にさまざまな樽で熟成した原酒を丁寧にバッティング。日本のウイスキー愛好家だけにとどまらず、世界からも注目されているシリーズに期待は大きい。

おすすめの
飲み方

ストレート

よく合う
おつまみ

チョコレート

Taste　　　味

フルーティーなのに
深いコク

口に含んだ瞬間、優しくてフルーティーな甘味が広がる。それでいてコクが深くて厚みのある味わいが楽しめるとあって、つい何度でも手を延ばしたくなる飲みやすいウイスキーだ。

Scent　　　香り

ずっと香っていたくなる
芳醇な香り

麦本来が持つ甘みとふくよかさが優しく調和して、ふわっと鼻をくすぐる。まさに芳醇といえる香りだ。余韻に長く浸りたくなるその心地よさは、ウイスキーラバーにこそ感じてほしい。

Data

種別	シングルモルト
原材料	モルト
度数	50%
容量	700ml
価格	8,200円（税別）

ディープでエネルギッシュなウイスキーを

チーフディスティリングマネージャー兼ブレンダー **草野辰朗**さん

マルス津貫蒸溜所は"ディープでエネルギッシュ"なウイスキー造りを目指しています。盆地特有の寒暖差の大きい津貫ならではのダイナミックな熟成感を感じていただければと思います。また、この地で生まれ育まれるウイスキー造りを深く体感できる津貫という土地を訪れていただけたら嬉しい限りです。

 LINE UP こちらも飲みたい！

シングルモルト津貫
2022エディション

年号シリーズの初代。世界で最も名声のあるコンペティションのひとつSFWSC（サンフランシスコ・ワールド・スピリッツ・コンペティション）のウイスキー部門で最優秀金賞、「ベスト・イン・クラスジャパニーズウイスキー」を受賞。
※販売は終了しています

Data

種別	シングルモルト
原材料	モルト
度数	50%
容量	700ml
価格	7,800円（税別）

シングルモルト津貫
2023エディション

2023年にリリースした、年号シリーズの2本目。日本のウイスキー愛好家やスピリッツ愛好家の深い知識や情熱をもって評価され、注目度も高かったウイスキー。TWSC（東京ウイスキー＆スピリッツコンペティション）の洋酒部門で金賞を受賞している。
※販売は終了しています

Data

種別	シングルモルト
原材料	モルト
度数	50%
容量	700ml
価格	8,000円（税別）

本坊酒造 マルス津貫蒸溜所

酒造りの伝統を継承する創業の地

本坊酒造の創業は1872年。地元の農産物を加工・販売する事業を興したことに始まる。1909年に鹿児島を代表する農産物である甘藷を使った焼酎造りに着手。以来、発祥の地を礎に酒造りの伝統を継承しながら蒸留酒とともに歩みつづけてきた。

そんな本坊酒造がウイスキーの製造を始めたのは1949年のこと。1960年に洋酒生産の拠点として山梨工場に製造免許を移してからは、主に甲信地方でウイスキー造りが行われてきた。2016年、南さつま市加世田の津貫にウイスキーの蒸溜所を新設。多彩なモルト原酒の確保と安定した生産体制の確立のため、発祥の地で、その風土を生かした新たなウイスキー造りに挑んでいる。

蒸溜所に隣接する本坊酒造の二代目社長・本坊常吉が暮らした邸宅をリノベーションしたショップ＆バー『寶常』では、ウイスキーの試飲ができるほか、蒸溜所限定品などのショッピングが楽しめる。津貫という土地の空気を感じながら味わう1杯は、格別だ。

Commitment こだわり

長年培ってきた
ウイスキー造り

　蒸留釜にはオニオン型のストレートヘッドを使用。重厚感のある原酒は、石蔵をはじめ樽貯蔵庫の中で最低3年じっくりと熟成される。自然と時の力に委ねられ熟成されたウイスキーは、複雑で多彩な原酒となる。鹿児島、山梨、長野と70年以上にわたり継承してきた技術や感性を生かしたブレンドは、マルスウイスキーならではのもの。そのこだわりが、奥行きのある力強い味わいを完成させる。

Location ロケーション

その土地の風土を
生かした酒造り

　マルス津貫蒸溜所があるのは、九州本土の南端部。東の蔵多山、西の長屋山など、四方を山々に囲まれた盆地状の地形のため、温暖かつ湿潤な気候でありながら、冬の寒さはことのほか厳しい場所として知られている。その寒暖差の大きさが、ウイスキーの熟成に影響を与えているという。酒造りを始めて百有余年。その土地の気候風土や水を知り抜いているからこそ、上質のウイスキーが出来上がる。

Access

本坊酒造 マルス津貫蒸溜所

住所	鹿児島県南さつま市加世田津貫6594
電話	0993-55-2121
URL	https://www.hombo.co.jp/
見学	可
営業時間	9:00〜16:00
休み	12月29日〜1月3日（臨時休業あり）
アクセス	JR指宿枕崎線枕崎駅よりタクシーで20分

北海道厚岸町 ❖ 厚岸蒸溜所

二十四節気
シリーズ
第14弾
厚岸 シングルモルト
ジャパニーズウイスキー **立春**

キーモルトは北海道産のミズナラ樽で熟成。
年数を重ねることで特有の柑橘系の香りやハチミツのような上品な甘さが広がる

ミズナラ樽を使った
複雑な1本

　厚岸蒸溜所の代表銘柄、二十四節気シリーズの14弾となるシングルモルトウイスキー。「立春」は二十四節気の最初の暦であり、始まりを示すのにふさわしい力強いピート感が特徴だ。キーモルトは、希少な北海道産のミズナラを使った樽でじっくり熟成した原酒。ピート感を邪魔しないシトラス系の香りやハチミツのような上品な甘さ。発酵バターのような芳醇な香りなど、奥深い味・風味に包まれる。

**おすすめの
飲み方**

ストレート

**よく合う
おつまみ**

ジャーキー

Taste　　　　味

さまざまな味わいが
重なり合う

　力強いピートや、爽やかなシトラスミックスジュースの味わいの奥に、柿のニュアンスが重なり合う。複雑でありながら熟成されたまろやかさも感じられ、飲み応えのある1本に仕上がった。

Scent　　　　香り

乳製品など
独特のフレグランス

　まず引き立つのが練乳、発酵バター、ホイップクリームなどの乳製品の香り。加えて、塩、ハチミツ、焼きたてのパンのような香ばしさまで、さまざまなフレーバーが鼻腔をくすぐる。

Data

種別	シングルモルト
原材料	モルト
度数	55%
容量	700ml
価格	18,000円 (税別)

ピート感やフレーバーで春を表現

チーフブレンダー **立崎勝幸**さん

春が始まり、新しい門出を祝福する気持ちを力強いピート感で表現しています。さらに、バニラやハチミツの甘い香り、かすかに感じる柿のフレーバーが調和し、「もう1杯飲みたい」という気持ちにさせる1本に仕上げました。いつ飲んでも美味しく、いつでも誰かに勧められる1本を目指しています。

LINE UP こちらも飲みたい！

二十四節気シリーズ 第13弾
厚岸ブレンデッドウイスキー 小雪

ピート感を抑えめにし、同蒸留所ならではの和柑橘系を思わせる酸味や甘みの味わいを強調。醤油を垂らした熱々の玉子焼きの香りも漂い、その独特なフレーバーに愛好家も驚きと感動の連続だという。ポワブルローゼ、オレンジソース、塩レモンの余韻も残る。

Data

種別	ブレンデッド
原材料	モルト、グレーン
度数	48%
容量	700ml
価格	12,000円（税別）

二十四節気シリーズ 第12弾
厚岸シングルモルト
ジャパニーズウイスキー 白露

香りは焚火から始まり、和の柑橘、カスタードプリン、マーマレードと続く。そして最後にミカンジンジャー、オレンジ味のラムネの味わいが広がる。余韻はホワイトペッパー、塩レモン、柑橘系の甘さとピール感。秋の旬な食べ物にも調和し、どのシーンにも合わせやすい。

Data

種別	シングルモルト
原材料	モルト
度数	55%
容量	700ml
価格	18,000円（税別）

Japanese Craft Whisky

About the Distillery

厚岸蒸溜所

厚岸の粋を集めた厚岸オールスターの酒造り

代表である樋田恵一が約20年前にアイラの銘酒「アードベック17年」を飲み、シングルモルトの魅力に引き込まれたのがすべての始まり。「スコットランドの伝統製法でアイラモルトのようなウイスキーを造りたい」と思い立ち、2016年に北海道厚岸町に蒸溜所をオープンした。厚岸を選んだ理由は、「スコッチの聖地」と呼ばれるスコットランドのアイラ島と環境が似ているから。冷涼湿潤な気候に加え、ピート層が豊富な湿原が辺り一面に広がっていることが大きな決め手となっている。

2023年には製麦棟を稼働させた。これにより原料のモルトから製品の充填・出荷まで、一貫して自社の設備で行えることに。その結果、「厚岸で栽培した大麦を、厚岸のピートで燻してモルトに加工。厚岸由来の酵母で発酵させ、厚岸で数百年の時を刻んだミズナラで作った樽に詰め、厚岸湾を臨む丘の上で熟成を重ねる」という、まさに「厚岸オールスター」とも呼べるウイスキー造りが可能となった。

厚岸の雄大な自然を感じながらグラスを傾けてみてはいかがだろうか。

Commitment こだわり

原酒の品質には
絶対に妥協しない

　設備はスコットランドの老舗蒸留器メーカーであるフォーサイス社製のものを導入。また、2基の銅製の蒸留器を使用するなど、スコッチ伝統の製法を可能な限り踏襲している。「原酒の品質を高め、その品質を一定化する」ことも創業からのこだわりだ。品質管理をはじめ、乳酸発酵の時間を多く確保することで香り豊かな原酒を製造するなど、データに基づいた酒造りを丹念に繰り返している。

Location ロケーション

本場の環境に近い
絶好のロケーション

　厚岸町はスコットランドやアイラ島と同様に寒暖差が大きく、海霧が発生しやすい環境のため、ウイスキーの熟成に最適だ。また、蒸溜所周辺は2021年3月に厚岸霧多布昆布森国定公園に指定された。同蒸溜所の原酒の熟成環境は今後も守られることだろう。

　水鳥をはじめとする野生動物の生息地となっている恵み豊かな環境の中で、自然と共存していく蒸溜所を目指している。

Access

厚岸蒸溜所

住所	北海道厚岸郡厚岸町宮園4-109-2
電話	0153-52-6000
URL	http://akkeshi-distillery.com/brand/
見学	不可
営業時間	8:30〜17:30
休み	なし
アクセス	JR根室本線厚岸駅よりタクシーで10分

Japanese Craft Whisky

「おつまみ」で、もっと充実するウイスキー時間

ストレート、オンザロック、水割り、ハイボール……。P14で紹介した通り、ウイスキーの飲み方は実に多彩だ。もちろん、その飲み方によって味わいや香りも違ってくる。これほど様々な表情を持っている飲み物はウイスキーをおいて他にないだろう。そしてウイスキーの味わいをさらに引き立ててくれるのが、ウイスキーとは切っても切れない関係にある「おつまみ」だ。定番はチョコレートやナッツだが、飲み方によって選ぶべきものは変わってくるので、おつまみ選びは慎重に行いたい。

例えば、味や香りの強いストレートで飲む場合、おつまみに求められるのは奥ゆかしさだ。あまり主張をしてしまうと、せっかくのウイスキーの味や香りが損なわれてしまう恐れもある。だからこそ、チ

ョコレートやナッツなど、ウイスキーの個性を邪魔しない定番のおつまみがおすすめだ。

時間の経過とともに、ウイスキーの味や香りにも変化が出るオンザロックを楽しむなら、和食がおすすめ。意外な組み合わせと思われるかもしれないが、煮物やおでんなどで1度試してみてほしい。

ウイスキーの味も香りも和らいだ水割りやハイボールは、食中酒にぴったり。どちらかといえば、サラダやマリネといったさっぱりとした前菜には水割りを、フライや天ぷらなどのこってりとした揚げ物にはハイボールを、それぞれおすすめしたい。下記に飲み方別のおすすめのおつまみをまとめてみた。これを参考に様々なおつまみとのマリアージュを楽しんでみてはいかがだろう。

[飲み方別] ウイスキーとよく合うおつまみ

ストレート
↓
チョコレート、
ナッツ類、チーズなど

オンザロック
↓
煮物、おでんなど

水割り
↓
サラダ、クラッカーなど

ハイボール
↓
揚げ物、ピザなど

Chapter.4

シン・ウイスキーの聖地
鹿児島を行く

鹿児島県では、現在10を超えるウイスキーの蒸溜所が稼働中。
さらに拡大の動きを見せている。
ジャパニーズウイスキーの新たな聖地とも言える鹿児島で、
ウイスキー造りが盛んな理由を探った

シン・ウイスキーの聖地
鹿児島

焼酎造りのノウハウを、ウイスキー造りに生かす

Japanese Craft Whisky

鹿児島県は言わずと知れた焼酎王国。100を超える酒蔵が焼酎を製造・販売している。国税庁の統計によると、人口10万人あたりの焼酎酒造蔵数は7.32軒。2位の宮崎を大きく上回るなど、全国一の規模を誇っている。その鹿児島県で、新たにウイスキー造りに取り組む焼酎酒造蔵が増えている。蒸溜所の数は全国でも一、二を争う多さだ。今後もウイスキーへ参入する焼酎酒造蔵があると予想される。

鹿児島県で最初にウイスキー造りを始めたのは本坊酒造（P30、P70）だ。1949年に製造を開始している。鹿児島にある工場などで製造を続けていたが、1960年、山梨県に工場を移転してからは、2016年にマルス津貫蒸溜所を新設するまでは、鹿児島県内でウイスキーの製造は行われてこなかった。

その翌年の2017年に始動したのが嘉之助蒸溜所（P54）だ。樽熟成焼酎の技術を生かし、世界に通じるウイスキー造りに取り組んでいる。不断の努力が実り、質の高いウイスキーが完成。折からのジャパニーズウイスキーブームにも乗り、「嘉之助」は高い評価を受け、その名は一気に知れ渡った。同社では国内外のイベントなどに積極的に参画し、「嘉之助」の名をさらに世界へ広めようと努力をしている。

嘉之助蒸溜所の成功に触発されたのか、ジャパニーズウイスキーブームに後押しされたのか、鹿児島県内の焼酎酒造蔵が続々とウイスキー市場へ参入。それぞれが培ってきた焼酎の蒸溜技術を生かし、独自のウイスキー造りに励んでいる。こうした動きは今後さらに広がりを見せることだろう。それぞれの蒸溜所が切磋琢磨して良質な鹿児島産のウイスキーが多数リリースされることに期待したい。

嘉之助蒸溜所
小正芳嗣社長インタビュー

鹿児島を
ウイスキーの聖地に

——ウイスキー造りを始めたきっかけを教えてください。

『私の祖父が日本で初めて樽熟成の焼酎を造ったとされています。最初のリリースが1957年、今から67年ほど前になります。「嘉之助」というのは祖父の名前で、「メローコヅル」専用の蒸溜所をここに建てたいと言っていました』

——樽熟成のはしりだったわけですね。そんな歴史ある蒸溜所でウイスキーを始めようと思ったきっかけを教えていただけますか。

『鹿児島では戦後に本坊酒造さんが1度造っていたきりで、私たちが動き出そうとしていた時は鹿児島全体、ましてや九州においても、ウイスキー造りの素地は全くありませんでした。私は焼酎に特化した商品企画・開発・製造をしつつ、世界に焼酎を広げるために活動してきましたが、今もまだ焼酎の輸出規模は大きくありません。世界を周っていて思ったのは、焼酎は日本人にしか馴染みがない。他国の方にとってはよくわからない蒸溜酒なんですよ』

——なるほど。見ず知らずのお酒って感じですかね。

『その中で我々の「メローコヅル」という樽熟成焼酎には評価をいただいていました。1度スコットランドの方と大きな商談が入り、大変気に入っていただいたものの注文までには至らず……大変悔しい思いをしたことがありました。クオリティーは高いと感じても、焼酎というカテゴリーがどうしても伝わりませんでした。評価がお世辞なのかどうかは別として、これまでの知識や経験、実績を生かして、世界に通じる"世界共通言語の蒸溜酒"を造る。そこから私たちのバックグラウンドにある焼酎を伝える、というやり方にシフトしてみたらどうだろうと』

——それが2014年から2015年にかけてですか。

『はい。どこもウイスキー事業をやっていなかったので、ウイスキー製造免許を取得するところからすでに壁が立ちはだかっていました。鹿児島では酒蔵の大半が焼酎でしたし、スコットランドの定義で言えば最低3年はお金が眠る状態にもなる。我々の相談は税務署の皆さんをびっくりさせたんじゃないでしょうか（笑）。3年後の未来も変わりやすい世の中ですから、新しい試みには慎重にもなりますよね』

Japanese Craft Whisky

——始動する前から苦労されたんですね。

『全く根付いてない新しいカテゴリーで、極端にいえば鹿児島でウイスキーを造れるのか？って思われていたはずです。賭けもありましたが、今まで繋いできたネットワークを生かして、ある程度見えていた販路も説明し、なんとか納得していただいて。新規免許の取得から動き出したという点で見ると、鹿児島では私たちが最初になるので、風穴を開けることができたのかなとは思います』

——大変なスタートでしたが、それでも、やろうと思ったのはどうしてですか？

『国内需要の焼酎もありながら、何とか海外を相手にしてやっていける環境を作りたいと考えていました。蓋を開けてみると、酒造免許は持っていても実際にモルトウイスキーを製造しているメーカーさんは本当にいなかった。正直"暖簾に腕押し"状態でしたが、とにかくやってみよう！と』

——小正社長はいろんな方から研究熱心な人だとお聞きしてます。焼酎造りのノウハウはどこに生かされていますか？

『自分たちがどんなウイスキーを造るべきなのかという発想はしやすいですね。原料処理から、糖化、発酵……蒸溜までのプロセス、あとは樽のマネジメント。そういった一連の焼酎造りの工程が土台になっています』

——では、実際にリリースされた時はどんな気持ちでしたか？

『シングルモルトのジャパニーズウイスキーでいうと、「シングルモルト嘉之助2021ファーストエディション」になるんですが、結構自分の中では感慨深かったです。本当に自分たちの理想なのかどうか、という点でいえば、まずはやり続けることで見えてくるかなと。ニューポットを販売することもありますが、子育てに似ているんですよね。生まれたてのウイスキー原酒が8カ月経って、3年経って、今ここま

で熟成しましたよっていう、一つの成長の履歴を紹介していく気持ちなんです。いきなり3歳児と対面するより愛着が湧きませんか？そんなウイスキーをお客様と一緒に育てていく環境をつくりたいです』

——そういった造り手の思いが伝われば、飲み手としても飲み甲斐があると思います。

『おっしゃる通り。だから自主的にイベント参加やバー巡りをして、私たちの思いに触れていただく機会を作っています。たとえば、4500人程集まる「日置・嘉之助蒸溜所祭」を開催していて、我々の取り組みとしては本坊酒造さんのマルス津貫蒸溜所と手を組んで、お客様をバスで送迎するという連携を取ったりもしています。ウイスキーツーリズムという事業もいつかは実現したいですね』

——いいですね！いずれは鹿児島がアイラ島のように、ウイスキーの聖地になり得るかもしれませんね。

『鹿児島が蒸溜酒を造る文化を醸成し続けている、というのは伝えていきたいですね。蒸溜酒を愛してやまない県民なんだと。一緒になって盛り立てる蒸溜所や仲間が鹿児島にも増えてきているのは、情報交換もできるし、ありがたいです。ただ、蒸溜所が増えることを結果とするのではなく、発展し成長し続けなきゃならない。酸いも甘いも見てきた私としては、ウイスキーの冬の時代が訪れても、それを乗り越えながら継続していくのが大事だと思います。その為にはウイスキーの質の良さは大前提。そこに、ストーリーや造り手の思い、いろんな要素が相まって、お客様に飲んでいただくのが理想です。そういった付加価値を伝えていきたいなと思います』

——ウイスキーは単なる飲み物ではない、そんな気持ちになりました。なんとなく飲むよりもまず知ってもらって、いっそう美味しく飲んでいただけたら嬉しいですね。

Japanese Craft Whisky

とっておきの1杯は、とっておきのグラスで味わう

ウイスキーグラスと一言でいっても、形も大きさも千差万別。実に様々な種類がある。「どれで飲んでも味や香りは変わらない」などと思われがちだが、実は同じウイスキーでもグラスの形や大きさが変わると、味わいや香りは微妙に変化するのだ。

そのため、ウイスキーをより楽しむためには、どのウイスキーグラスを使うのかも大きなポイントとなる。ここでは、代表的なウイスキーグラスを6種類とその特徴を紹介する。とっておきの1杯を飲むためには、グラスにもこだわってみてはいかがだろうか。

［飲み方別］　ウイスキーグラス代表例

ロックグラス

大きな氷を入れて飲むオンザロックを飲む時に使用する。口が大きくどっしりとしているのが特徴。見た目も美しく、棚に飾ってあるだけでも絵になる。

ショットグラス

コンパクトな一口サイズのグラス。口が広く香りが広がりやすい。度数が高いウイスキーを少しずつ、ちびちびと飲みたい時におすすめ。

タンブラー

広く一般的に使用されている、お馴染みのグラス。ウイスキーの場合では、水割りやハイボールを飲む時に使用する。チェイサー用として使うことも。

テイスティンググラス

ウイスキー本来の味や香りを正確に確認するためのグラス。グラスの縁が開いているので、味と香りをバランスよく判断することができる。

Chapter.5

これから来る!
期待のニューカマー
蒸留所

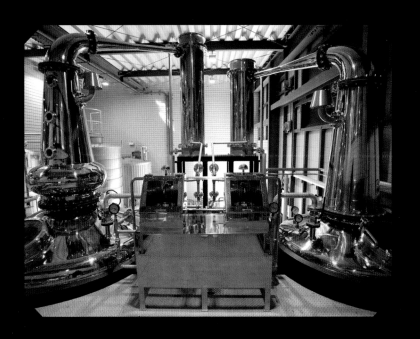

2020年前後から新たにウイスキー造りを始めた新進気鋭の蒸留所を紹介。
どの蒸留所も細部にこだわり、真摯にウイスキー造りに取り組んでいる。
ファーストリリースが待たれるばかりだ

地図で知る「新進気鋭の蒸留所」マップ

この章で取り上げる全国12カ所の蒸留所を地図で紹介。
中部地方や九州地方で新たにウイスキー造りに取り組む事業者が多いようだ

① ニセコ蒸溜所 ➡P96
［北海道虻田郡ニセコ町］

② 八郷蒸溜所 ➡P102
［茨城県石岡市］

③ 吉田電材蒸溜所
➡P98
［新潟県村上市］

④ 新潟亀田蒸溜所
➡P100
［新潟県新潟市］

⑤ 野沢温泉蒸留所
➡P106
［長野県下高井郡野沢温泉村］

⑥ 小諸蒸溜所 ➡P108
［長野県小諸市］

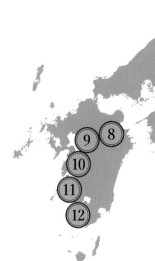

⑦ 井川蒸溜所 ➡P104
［静岡県静岡市］

⑧ 久住蒸溜所 ➡P110
［大分県竹田市］

⑨ 山鹿蒸溜所 ➡P88
［熊本県山鹿市］

⑩ 小牧蒸溜所 ➡P94
［鹿児島県薩摩郡さつま町］

⑪ 御岳蒸留所 ➡P90
［鹿児島県鹿児島市］

⑫ 火の神蒸溜所 ➡P92
［鹿児島県枕崎市］

Japanese Craft Whisky

山鹿蒸溜所

豊かな自然と文化に育まれた要素が集結

2021年にウイスキーの蒸留を開始した山鹿蒸溜所があるのは、熊本県北部の山鹿市。江戸時代には肥後と小倉を結ぶ豊前街道随一の宿場町として栄えるなど、歴史と文化の街として知られている。

山鹿盆地に位置し、冬にはマイナス5度を記録するほど冷え込む日もあれば、夏の盛りには40度を超える日もあるなど寒暖差が大きく、おまけに湿度も高い。良質な深層地下水も豊富にあり、ウイスキー造りには最適な気候風土を持つ土地柄だといえる。

熊本県初のモルトウイスキー専門のメーカーで、1回の仕込み量が1.1トンの小規模蒸溜所。スタッフ間の固い連携が強みで、確かなイメージの共有ができている。目指しているのは「世界中の人々を魅了するシングルモルト」。一つ一つの工程をおろそかにせず丁寧に造り込み、山鹿の豊かな環境で熟成させることに重きを置いている。だからこそ、山鹿でしか造れないウイスキーが出来上がるのだろう。「ニューボーン」の出来も良い。本格リリースが今から待ち遠しい。

New Born
ニューボーン

YAMAGA
NEW BORN 2023

Data

種別	シングルモルト
原材料	大麦麦芽
度数	58%
容量	375ml
価格	4,400円（税別）

華やかでいて
軽やかな味わい

　山鹿蒸溜所第2弾となる「ニューボーン」。花の蜜のような優しい甘さとプラムのような甘酸っぱさの中に、かすかなピート香の凛とした美しさが感じられる。キャラメル風味も重なり、軽やかさと、ほっとする優しい甘みが特徴の1本だ。

Commitment
こだわり

歴史と文化が息づく山鹿らしさ

　山鹿蒸溜所が思い描くのは"優雅に舞う女性たちの幻想的な姿"。郷土芸能の山鹿灯籠踊りの踊り手を思わせる、優しさと華やかさを持った味と香りだ。

愛し愛される蒸留所に

　周年時には、私たちのことをより詳しく知ってもらうため「山鹿蒸溜所まつり」を開催します。まつりでは、私たちが目指す酒質そのものである山鹿灯籠踊りを披露してもらったり、ご当地グルメが楽しめるブースがあったりと盛りだくさんの内容です。多くの人に遊びに来ていただけたら嬉しいです。

山鹿蒸溜所

Access

住所	熊本県山鹿市鹿央町合里980-1
電話	0968-36-3400
URL	http://yamagadistillery.co.jp/
見学	可
営業時間	10:00～16:00
休み	平日（祝日の場合は営業）
アクセス	九州新幹線新玉名駅よりタクシーで25分

西酒造 ❖ 御岳蒸留所

鹿児島の命とともにウイスキーを造る

2019年にウイスキーの製造を開始した御岳蒸留所。辛口でありながら、フルーツケーキやバニラを思わせる芳醇な風味と、コクのある味わいが広がる「御岳 The First Edition 2023」をようやくリリースしたところだ。

同蒸留所に集うのは「人生で長く付き合っていけるウイスキーを届けたい」という熱い思いを胸にした人たちばかり。熟成を長期にわたって見守り、時にはテイスティングを楽しみながら語り合っている。そして出来上がったウイスキーは、同じように仲間同士で集う場を彩る"大切なウイスキー"となるのだ。

そんな彼らにとって"原料はいのち"なのだそう。自然から湧き上がる天然軟水、選び抜いた二条大麦、西酒造が保持しているものから厳選した酵母……。ウイスキー造りに欠かせないすべての原料にいのちが宿り、そのパワーが集結することで真似のできないウイスキーへと生まれ変わる。自然への愛情と敬意をもって仕上げる1本は、鹿児島の自然が生み出した、まさに"いのちの水"だと言えるだろう。

御岳 THE FIRST EDITION 2023

Data

種別	シングルモルト
原材料	二条大麦
度数	43%
容量	700ml
価格	13,000円（税別）

フルーティーな香味成分を引き出す

　冷却器につなぐパイプであるラインアームの角度を上向きに設計した蒸留釜を使用。そうすることで重たい香味成分が落ち、フルーティーで深みのある香味成分だけを残すことができる。リッチなアロマ感はここから始まっているのだ。

Commitment　　こだわり

樽もウイスキーの大事な原料

　樽も一つの原料と考え、シェリー樽やバーボンバレルなどを丁寧に厳選。ウイスキーの原酒と樽が織りなす、こだわりのマリアージュに魅了される。

たいせつな存在を目指す

ブランドアンバサダー 眞喜志 康晃さん

　発酵由来の香りを大事にし、蒸留ではゆっくりじっくり丁寧に必要な香り成分のみを抽出したウイスキーを造っています。そんな私たちにとってウイスキーは、贅沢なものではなくたいせつなものです。幾度か訪れるたいせつな時に、たいせつな人と飲んでほしい。そんな御岳蒸留所の世界観に期待してください。

西酒造 御岳蒸留所

Access

住所	鹿児島県鹿児島市下福元町12300
電話	099-296-4627
URL	https://www.nishi-shuzo.co.jp/ontake/
見学	不可
営業時間	8:00〜17:00
休み	土曜・日曜・祝日
アクセス	JR指宿枕崎線谷山駅よりタクシーで20分

Japanese Craft Whisky

薩摩酒造❖火の神蒸溜所

芯があるエレガントな酒質

発売から70年近くになるロングセラーの本格芋焼酎「さつま白波」でお馴染みの薩摩酒造。保有する火の神蒸溜所では1975年より本格焼酎を造ってきたが、2023年2月に新たな一歩を踏み出した。蒸溜所内にウイスキー設備を設置し、ウイスキー造りに乗り出したのだ。

同社のお膝元である鹿児島県枕崎市は、鰹節の生産量日本一を誇る港町。晴れた日には鰹を燻すスモーキーな香りが街一帯に漂っている。九州最南端のため温暖な気候であるものの、真冬には雪の降る日もあるほど。日本ならではの四季が感じられる中で日々ウイスキー造りに励んでいる。

本場スコットランドの伝統的な製法を取り入れつつ、神話から付けられた"火の神"の名にふさわしい芯のあるエレガントな酒質を目指しているという。まだまだ一歩目を踏み出したばかり。目指すゴールの先には、どんなウイスキーが待っているのだろうか。ファーストリリースに向けて準備を着々と進めている火の神蒸溜所の未来が楽しみである。

Commitment こだわり

世界を見据えた
ウイスキー造り

　蒸溜所内にグレーンウイスキーの製造棟をはじめ、クーパレッジやウエアハウスを完備、連続式蒸留機を新設するなど、本格的にウイスキーと向き合い、日々進化をし続けている。

　本格焼酎のパイオニアとしてこれまで磨き続けてきた製造技術は大きな強みだ。グループ会社や関連会社とも連携をとりながら"世界を見据えた"体制でウイスキー造りに挑む。

可能性に挑戦し続けたい

代表取締役社長 **本坊愛一郎**さん

　薩摩酒造の創業100周年が視野に迫る中、モノづくりの可能性に挑戦し続けることで、人々に笑顔が届けられたらと考えています。そして枕崎市で、世界に愛される新たなジャパニーズウイスキーを誕生させたいと思います。近い将来には見学も開始予定ですので、ぜひ足を運んでいただけたら嬉しいです。

薩摩酒造 火の神蒸溜所

Access

住所	鹿児島県枕崎市火之神北町388
電話	0993-72-1231
Instaglam	@satsuma_shuzo
見学	不可　※近年開始予定
営業時間	未定
休み	未定
アクセス	JR指宿枕崎線枕崎駅よりタクシーで10分

Japanese Craft Whisky

小牧蒸溜所

酒造りに捧げてきた100年が武器

1909年の創業当時から使い続けてきた和甕（わがめ）による伝統の技術に磨きをかけながら、新たな技術の開発にも挑戦し続けてきた小牧醸造。蔵が過去3回もの水害に遭うなど、幾度も大きなピンチに見舞われながらも復帰を遂げてきた不撓不屈の蒸溜所でもある。長年の間培ってきた技術・知識、そして想いを胸に2023年1月にウイスキー製造免許を取得。同年4月からウイスキー造りに挑んでいる。

蒸溜所のある鹿児島県さつま町は、年間を通して温暖な気候だ。ただし盆地により、冬場は気温が氷点下まで下がるため、寒暖差を生かした蒸留酒造りに向いているという。また、蔵のすぐ脇を流れる川内川と穴川には、天然記念物であるカワゴケソウが生息している。水質のきれいな急流でしか繁殖しない植物で、日本でもわずか数カ所でしか見ることができないそうだ。

自然体系が維持された、特別な環境で湧き出る天然水で仕込んだウイスキーがどんな味や香りになるのか、今からその出来が楽しみだ。

Japanese Craft Whisky

Commitment こだわり

日本で初めて
屋久杉樽を使用

小牧蒸溜所では、発酵から蒸溜にかけて、クリアな酒質かつ味わい深いウイスキーを目指して試行錯誤を繰り返している。その中で特にこだわっている要素の一つが樽だ。国産ウイスキーとしては初めて原酒樽に屋久島で育った屋久杉を採用した。木目がびっしりと詰まった幹は硬く、油分も少ないため、病害虫に強く腐りにくいのが特徴だ。奥深く、幅のある味わいを引き出してくれることだろう。

技術・文化・想いを発信したい

専務取締役 **小牧伊勢吉** さん

酒類業界の環境は年々変化しています。そうした中、私たちがこれまで鹿児島で培ってきた蒸溜酒への想いを長年育んできた技術や文化とともに、ウイスキーに乗せて世界に発信していきたいと考えています。皆様と当蒸溜所のウイスキーの歴史を作っていけたら幸いです。リリースの日を楽しみにお待ちください。

Access

小牧蒸溜所

住所	鹿児島県薩摩郡さつま町時吉12
電話	0996-53-0001
URL	https://komakijozo.co.jp/
見学	不可
営業時間	8:30〜17:30
休み	土曜・日曜・祝日
アクセス	九州新幹線・JR鹿児島本線・肥薩おれんじ鉄道川内駅よりタクシーで40分

ニセコ蒸溜所

大自然が生み出す逸品を熟成中

ニセコアンヌプリと羊蹄山。北海道を代表する二つの山の麓にあるニセコ町。豪雪地帯ならではの上質な水に恵まれているほか、北海道内でも気温が下がりすぎず、夏も暑すぎない気候であるため、年間を通してウイスキー造りに適しているという。そんな好立地に佇むニセコ蒸溜所は、地元後志産のカラマツを多く使った木のぬくもりがあふれる空間だ。見学ツアー（有料）が楽しめるほか、ショップやバーも併設しているため観光施設としても人気を誇っている。

ウイスキーの仕込みにはニセコアンヌプリから湧き出る硬度33mg/ℓの良質な伏流水を使用。木製の発酵槽で醸し、スコットランド製のポットスチルで蒸溜している。木製の発酵槽を使用している理由は、乳酸菌が活発に働くから。それにより複雑で深みのあるウイスキーが出来上がるという。

現在はゆっくりと熟成中。上品でバランスのとれた繊細な味わいのジャパニーズウイスキーが完成予定だ。ニセコの大自然下で生まれる1本に期待が高まる。

New Make

ニューメイク

原酒ならではの力強い味と香り

　一般販売はしていないが、蒸留所見学ツアーの参加者のみ、無色透明の蒸留前の原酒を試飲できる。蒸留したてのウイスキーは、熟成させていない分まろやかさには欠けるが、原酒ならではの力強い味と奥深い香りを楽しめる。

Commitment
こだわり

設備と環境にこだわり

　深い味わいをもたらしてくれる木製の発酵槽、本場スコットランド製のポットスチルなどを使用。貯蔵庫はニセコの自然環境そのままの温度を保っている。

日本ならではの1本を熟成中

製造所長 **角本琢磨**さん

　ニセコという大自然の環境に加え、日本人の持つ細やかな感性を十二分に発揮して、上品で繊細なバランスのとれたジャパニーズウイスキーを造り出すことを心がけています。現在、ウイスキーはニセコの澄んだ空気を呼吸しながらゆっくり熟成しているところです。仕上がりを期待していてください。

Access

ニセコ蒸溜所

住所	北海道虻田郡ニセコ町ニセコ478-15
電話	0136-55-7477
URL	https://niseko-distillery.com/ja/
見学	可
営業時間	10:00〜17:00
休み	なし
アクセス	JR函館本線ニセコ駅よりタクシーで10分

Japanese Craft Whisky

吉田電材蒸留所

日本初のグレーンウイスキー専業蒸留所

「吉田電材」とは、何やらウイスキーとは似ても似つかない名称だが、それもそのはず。産業機器や医療機器の設計・製造を手掛ける吉田電材工業が始めた蒸留所だからだ。同社は1940年の創業以来、大手メーカーの協力工場として、日本のものづくりを支えてきた企業。長い時間をかけて育んできたクラフトマンシップ、それをまた違った形で生かそうと始めたのが、グレーンウイスキーの製造だった。

グレーンウイスキーは、モルト原酒の相方として利用されるケースが多いことから、「サイレント（おとなしい）スピリッツ」と呼ばれることも。北海道産のデントコーンや愛媛県産の裸麦、米や蕎麦など地域のさまざまな穀類と樽を組み合わせた多種多様なグレーンウイスキーを造ることで、ジャパニーズウイスキーの新たな可能性を模索しているという。製法や原料の配合を工夫することで「サイレント」とは真逆の「ラウド（主張の強い）」な1本の誕生に期待がかかる。グレーンウイスキーの新たな潮流がここから始まるかもしれない。

New Make　　　　　　　　　　　　　　ニューメイク

カラムの段数で
味わいに変化を

　現在製造しているグレーンウイスキーのタイプは「アメリカン」。原料の配合は北海道産のデントコーン70％、ドイツ製造ライモルト15％、大麦麦芽15％。カラム（蒸留機に備え付けの塔）の段数を変えることで蒸留回数を変え、味わいの違いを表現している。

Commitment　　　　　　　こだわり

グレーンウイスキーに特化

　原料を自由に選択し、自在に配合できる独自の粉砕機など、グレーンウイスキーに特化した設備を導入。糖化槽は、ろ過工程のないオールマッシュタイプだ。

グレーンウイスキーの概念を覆す

代表兼所長 **松本匡史**さん

　グレーンウイスキーというと、ブレンデッド用のサイレントなウイスキーを連想するかもしれませんが、当社ではさまざまな穀物を使うことで、原酒の幅を広げています。自社でのボトリングのほか、国内のブレンダーの方々に向けて多様な原酒を提供したいと考えています。ぜひご期待ください。

吉田電材蒸留所

Access

住所	新潟県村上市宿田344-1
電話	0254-75-5081
URL	https://yoshidadenzai-distillery.com/
見学	不可
営業時間	9:00～17:00
休み	土曜・日曜・祝日
アクセス	JR羽越本線平林駅より徒歩で10分

Japanese Craft Whisky

新潟亀田蒸溜所

新潟の土地柄をウイスキーで表現

米どころとして良質な米が育つ新潟は、言わずと知れた日本酒王国だ。「久保田」「越乃寒梅」「上善如水」といった、一度は耳にしたことのあるような有名な銘柄が多数揃っている。そんな日本酒の地位が圧倒的に高い新潟の地で、あえて「淡麗とフルーティーさが両立するウイスキーを造りたい」と考え、2021年にオープンしたのが新潟亀田蒸溜所だ。

東西に幅広い新潟県は、同じ県といえども東部と西部では気候や風土に違いがあるという。そんな多様性のある新潟の土地柄をウイスキーで表現するため、同蒸溜所では今後、県内のさまざまな場所で貯蔵したウイスキーを発信していく予定だ。原材料も将来的には新潟産麦芽をメインにしたいと考えている。

2019年のオープン以来、紆余曲折を経て、2023年には世界的なウイスキー大会「ワールド・ウイスキー・アワード」で1500種類以上の銘柄の中から見事に世界最高賞を受賞した。今後も地元から世界に愛される珠玉の一本を造り続けていくことだろう。

New Make

ニューメイク

新潟亀田
ニューポットPeated

Data

種別	シングルモルト
原材料	モルト
度数	60%
容量	200ml
価格	2,800円（税別）

飲みやすさも特徴の こだわり原酒

　一般的なウイスキー原酒というのは飲みにくく荒々しいのが一般的だが、同蒸溜所の原酒は比較的飲みやすく、原酒の段階で奥深さも表現できているのが大きな特徴。ピートのスモーキーさと余韻の長さ、甘さを味わえる。

Commitment

こだわり

さまざまな工程で複雑な味わい

　香り高いフレーバーを生み出すためにポットスチルの形状に工夫を凝らしいるほか、リッチな味わいを表現できるように発酵槽には木桶を採用している。

効率やコストより味を優先

ブランドアンバサダー 堂田浩之さん

　原酒の段階から最高の製品を作りたい。そんな思いで日々の製造を行っています。会社としては製造原価を意識することは大事なことですが、それよりもっと大事なことがあるはず。当蒸溜所では、効率化やコストよりも、手間ひまをかけて感じるままの味を優先し、試行錯誤を怠らず、納得の1本を造り続けます。

Access

新潟亀田蒸溜所

住所	新潟県新潟市江南区亀田工業団地1-3-5
電話	025-382-0066
URL	https://kameda-distillery.com/
見学	不可
営業時間	非公開
休み	不定休
アクセス	JR信越本線亀田駅よりタクシーで8分

Japanese Craft Whisky

八郷蒸溜所

酒造りのプロが国内外へ発信

母体は茨城県那珂市で1823年に創業した木内酒造。100%純米酒の清酒「菊盛」や、1996年に第一号が誕生した「常陸野ネストビール」のほか、米焼酎、梅酒、果実酒など、地元茨城の原料を使った多様な酒を製造している。

ウイスキーの製造は2016年にスタート。創業200周年を迎える2023年のリリースを目指した一大プロジェクトだった。原料に使用したのは、国産の大麦・小麦のほか、常陸野ネストビールにも使用している地元産の良質なビール麦など。「日本ならではのウイスキーを発信したい」という思いから「日の丸ウイスキー」と名付けている。その名の通り、原料など国産にこだわった正真正銘のジャパニーズウイスキーだ。

現在はモルトウイスキーをはじめ、国産米を用いたライスウイスキーや、国産小麦を用いたグレーンウイスキーなどを同一の蒸溜所内で製造。地域や風土に根付いた酒造りの環境を整え、日本から世界へ向けたジャパニーズウイスキーを造り続けている。

Release
リリース

日の丸ウイスキー
KOME

米由来のフルーティーで
穏やかな香りが広がる

　酒米を30%の配合で醸造したもろみをポットスチルで蒸留したライスグレーンウイスキーに、モルト原酒をブレンドし、バーボン樽、シェリー樽で3年以上熟成。米由来のフルーティーな香りとモルトウイスキーが奏でる複雑な味わいを楽しめる。

Data

種別	グレーンウイスキー
原材料	モルト、米
度数	48%
容量	700ml
価格	8,800（税別）

Commitment
こだわり

原料の栽培から熟成まで一貫

　2023年に製麦棟を新設。外部委託していた製麦事業を自社で行うことに。原料の栽培から製麦、醸造、蒸留、熟成まで一貫して取り組んでいる。

日本ならではの1本を
代表 **木内敏之** さん

　私たちが目指しているのは、地域に根付き、風土を生かした酒造り。国産穀物を用いた日本ならではのジャパニーズウイスキー造りを追及し、世界へ向けて発信していきたいと考えております。ウイスキーの製造で出る麦芽粕は地元の養豚場で飼料として再利用するなど、環境にも配慮した酒造りを行っていきます。

Japanese Craft Whisky

Access

八郷蒸溜所

住所	茨城県石岡市須釜1300
電話	0299-56-4411
URL	https://hinomaruwhisky.com/distillery
見学	可
営業時間	10:00〜17:00
休み	火曜・水曜（祝日の場合営業）
アクセス	JR常磐線石岡駅よりタクシーで30分

井川蒸溜所

製紙会社が挑戦した秘境の蒸溜所

実業家の大倉喜八郎が製紙業をはじめてから120年。十山株式会社は、南アルプスの美しい自然を守り、生かし、育むため、2020年に特種東海製紙株式会社から新設分割。同社が保有する広大な山林、今も隆起や浸食を繰り返す"生きている山々"の中で、井川蒸溜所としてウイスキーづくりに挑戦している。

けがれのない森林土壌でろ過された湧き水は仕込み水に、自生するミズナラは原酒を熟成する樽に、そして霧がたちやすく冷涼で湿潤な環境は原酒が眠るのに最適な寝床に……。自然の宝庫である南アルプスは、まさにウイスキー造りにうってつけの場所。その恵みを最大限に生かしながら、ウイスキー造りに励んでいる。

ベストな1本を造り出すため、井川蒸溜所ではウイスキー造りそれぞれの工程に担当者をつけているのが特徴だ。プライドと責任感を持って仕事に取り組むことが良質な酒造りにつながっている。製紙業で培った経験、チームワーク、そしてウイスキーへの情熱が武器。どんなウイスキーが出来上がるのか楽しみだ。

New Born ニューボーン

井川蒸溜所
NEW BORN Non-Peat 2023

Data

種別	カスクストレングス
原材料	大麦麦芽
度数	61%
容量	200ml
価格	4,800円（税別）

蜜のような優しい甘さ
心地よい後口が残る

程よく効いた酸味とザクロのようなフルーツ感がある。一口目はさっぱりと飲みやすい印象だが、口にするたびシナモンの入ったバナナミルクが舌の上に残っていく。上白糖で作った蜜のような優しい甘さを包み、心地よい後口と和の香りの余韻が残る。

Commitment こだわり

基本こそ大切にすべき

伝統的な製法を基本としている。ピュアで甘みのある湧水本来の良さを損なわないため、きれいな麦汁をとり、きれいに蒸留することを心がけている。

素材の良さを引き出すのが仕事

蒸溜所所長 瀬戸泰栄さん

原酒が持つスイートでクリーンな特徴を芯にしたうえで、それぞれの樽が持つ良さを最大限に引き出すブレンドを目指しています。また、工程は科学的に制御していますが、最後の決め手となるのは、人の官能だと考えています。クオリティーに一切の妥協をせず、こだわりをかたちにしていきます。

Access

井川蒸溜所

住所	静岡県静岡市葵区田代字大春木1299-1
電話	054-260-2245
URL	https://juzan.co.jp/contents/ikawadistillery/
見学	可 ※一般車両通行禁止区域のため、井川蒸溜所見学ツアーへの参加を推奨
営業時間	当所営業スケジュールによる
休み	当所営業スケジュールによる

Japanese Craft Whisky

野沢温泉蒸留所

小さな温泉街で動き出した大きな夢

豊かな大自然が生み出す透き通った湧水や山で採れる豊富な植物を生かして、クオリティーの高い野沢温泉ならではのスピリッツを造りたい──。そんな壮大な計画の下に地元の人々をはじめとする仲間たちが徐々に集結。「いつの日にか、世界最高の一つとして認められるようなウイスキーやジンを野沢温泉村から造り出す」ことを合言葉にスタートしたのが野沢温泉蒸留所だ。

長野県の北部、新潟との県境近くにある野沢温泉村は人口3600人ほどの小さな村。豊かな食文化、おいしい山の空気、冬にはさらさらのパウダースノーを求めて世界中から人々が訪れる観光地としても知られている。町の至るところで聞こえてくるのが水のせせらぎだ。その正体は、長い歳月をかけてできた雪解け水が湧水となって村を巡る音である。雑味がなく、クリアでいながら、口当たりが優しい野沢温泉の湧水は、まさにウイスキー造りに最適だ。日本が世界に誇る観光地で、世界の人々を魅了するジャパニーズウイスキーが生まれる日も近い。

Commitment　　　　　　　　　　　　　　　　　　　　　　　　　こだわり

仕込みやマッシュに
オリジナリティーを

　日本で初めてマッシュフィルターを採用。清澄麦汁だけではなくホールマッシュの麦汁にも対応している。また、小型のハンマーミル（粉砕器）を導入することで、大麦麦芽以外の穀物でグレーンウイスキーの仕込みを可能に。野沢温泉蒸溜所にしか造れないオリジナル感あるテイストに。

　村でホテルなどを経営するオーストラリア人をはじめ、多国籍なメンバーが揃い、情熱を持って酒造りをしている。

新たな価値を発掘したい

ブランドアンバサダー **ヨネダイサム**さん

　日本の誇りであり、心のよりどころでもある温泉街。その中の一つである野沢温泉村でしかできないスピリッツ造りを通じて、新しい価値を生み出せる蒸留所を目指しています。

　この町で生まれたクラフトウイスキーやジンが世界最高と認められる日が来ることを目指して、情熱を絶やすことなく挑戦し続けていきます。

Access

野沢温泉蒸留所

住所	長野県下高井郡野沢温泉村豊郷9394
電話	0269-67-0270
URL	https://nozawaonsendistillery.jp/
見学	可
営業時間	12:00〜19:00（LO18:30）
休み	火曜
アクセス	JR飯山線上境駅よりタクシーで10分

軽井沢蒸留酒製造株式会社 ❖ 小諸蒸留所

©SOGO AUD

「守破離」の思想で生まれる新たなジャパニーズウイスキー

「最高のジャパニーズウイスキーを造りたい」。そんな思いを持った元バンカーで起業家の島岡高志さんと、世界的マスターブレンダーとしてその名が知られるイアン・チャンさんが手を携えて2019年にスタートした軽井沢蒸留酒製造株式会社。その酒造りの地に選ばれたのは、適度な湿度と冷涼な気候の長野県小諸市だった。小諸蒸留所ではシングルモルト製造にこだわり、一滴一滴丁寧にウイスキーを造り上げている。

チャンが酒造りで大切にしているのは、剣道や茶道などでの修行の段階を示した「守破離」という言葉だ。「守」とは師の教えを確実に身につける段階、「破」は良いものを取り入れ技術や知識を発展させる段階、「離」は独自の新しいものを生み出す段階をそれぞれ意味している。ウイスキー界のアインシュタインとも称される故ジム・スワン博士に師事し基本の型を習得したチャンは、師から受け継いだ教えを胸に小諸でどんなウイスキーを造るのか。新たなスタイルの創造に期待がかかる。

Japanese Craft Whisky

New Make

World Whisky Forum 2024記念ボトル

芳醇な香りと
甘美な味わい

　ワールド・ウイスキー・フォーラムのアジア初開催にあたり、台湾、東京、小諸とそれぞれの地を連想させる記念ボトル。異なる味わいが楽しめるとあって飲み比べする人も多かった人気商品だ。すでに完売しているため次回作に期待。

Data

種別	シングルモルト	容量	700ml
原材料	大麦麦芽	価格	各15,636円（税別）
度数	48%		

Commitment

樽・製法・技術の三拍子

　①多種多様な樽を使い分ける②伝統的な製法を用いる③革新的な技術を織り交ぜる──の3点が、至高のジャパニーズウイスキーを造り出すためのこだわりだ。

技術を伝承し受け継いでいく
マスターブレンダー **イアン・チャン**さん

　これからのジャパニーズウイスキーを担う蒸留所として飛躍していけるよう、妥協を許さないウイスキー造りをモットーに掲げています。また、恩師から受け継いだ技術と知識を次世代へ継承するため、後進の育成にも力を注いでいます。おいしいウイスキーをお届けします。楽しみに待っていてください。

Access

軽井沢蒸留酒製造株式会社 小諸蒸溜所

住所	長野県小諸市甲4630-1
電話	0267-48-6086
URL	https://komorodistillery.com/
見学	可
営業時間	10:00〜19:00（最終入場18:00、Bar.LO18:30）
休み	不定休
アクセス	北陸新幹線佐久平駅よりタクシーで約20分／JR小海線、しなの鉄道小諸駅よりタクシーで約10分

※送迎サービスあり、チケット購入時に要予約

Japanese Craft Whisky

久住蒸溜所

地元の支えで開業に漕ぎ着けた大分県唯一の蒸溜所

　九州のほぼ中央部に位置する久住高原。四季折々の花や草木の香り、山群をわたる風の香りが魅力的で、環境省の「かおり風景100選」にも選ばれている風光明媚な観光スポットだ。その一角に居を構えているのが久住蒸溜所。大分県では初めて2021年よりウイスキー造りを初めている。

　社長の宇戸田祥自さんの実家は大正時代から続く酒販店。本人は酒に弱いそうだがウイスキーだけは大好きで、すっかりその魅力に取り憑かれた。そこで、先々代から縁のあった場所を譲り受け、蒸溜所設立の検討を始める。2015年のことだった。ベンチャーウイスキーの肥土伊知郎さんらに教えを乞い、研究を重ね、資金も調達。スコットランドの会社に設備機器を発注したものの、コロナの影響で来日がままならず設備が組み上げられない状況に。そのピンチに手を差し伸べたのは地元にある酒類製造設備業者だった。紆余曲折を経て始まったウイスキー造り。質の良い商品を届けることが、支えてくれた人々への恩返しとなる。笑顔で乾杯する日のため、日々奮闘が続いていく。

New Make

久住NEW BORN#3

Data

種別	ヤングスピリッツ	容量	200ml
原材料	大麦麦芽	価格	4,500円（税別）
度数	55%		

ピーテッド原酒を使用 ニューボーン第3弾

バーボンバレルで熟成したピーテッド原酒をメインに、選び抜かれた数樽のみをバッティングし、2年間熟成した。果実香や白い花を連想する繊細な香りに、濃密な甘さを感じる厚みを持った原酒と、こなれたピートが共存した味になっている。

Commitment こだわり

上質な湧き水が不可欠

蒸溜所は地下水位が高い酒蔵の跡地にあるため湧き水が豊富。仕込みや冷却には、自然の恵みをいっぱいに感じられるこの湧き水を使っている。

探求心を持って真っ直ぐに進む

代表取締役 宇戸田祥自さん

先人たちの教えを胸に真摯にウイスキー造りに向き合うこと。それが、私たちが一番大切にしている原点です。ウイスキーをこの手で造ることは夢にまで見てきたことです。その夢が叶えられたことに感謝し、トライアンドエラーを繰り返しながらも、"探求心"という原動力をもって進んでいきます。

Access

久住蒸溜所

住所	大分県竹田市久住町久住6426
電話	0974-76-0027
URL	https://kujudistillery.jp/
見学	不可
営業時間	9:30〜18:00
休み	土曜・日曜
アクセス	JR豊肥線豊後竹田駅よりタクシーで約20分

知れば知るほど奥深い、「カスク」で変わる熟成の世界

カスクとはウイスキーを熟成させる木製の樽のこと。ウイスキー造りにおいて絶対に欠かすことのできないものである。ウイスキーの原酒は、もともと無色透明だが、カスクの中で熟成することによって琥珀色に色づき、豊かな味わいや香りを生んでいるからだ。

カスクに使われている木材は主にオーク。耐久性や耐水性に優れているため、家具や船舶などの材料となっている硬い材質の木材だ。日本ではナラとも呼ばれている。オーク材で熟成させると、オーク材に含まれているタンニンなどの成分が溶け出し、ウイスキーに独特の香りが付くため、熟成樽の材料として重宝されてきた。オークは世界中に数百種あると言われているが、主に使用されるのはアメリカンオークとヨーロピアンオーク。アメリカンオークはバニラやココナツのようなフレーバー、ヨーロピアンオークのうち、コモンオーク（スパニッシュオーク）はドライフルーツ、セシルオーク（フレンチオーク）はスパイシ

ーな香りがすると言われている。

日本では国産のミズナラを熟成樽に使用しているケースも。主な産地は北海道。伽羅や白檀を思わせるオリエンタルな香りをまとったウイスキーになるのが魅力で、日本らしいフレーバーがするとして世界中から注目を集めている。

また、ウイスキーの熟成には他の酒の熟成に使用された古い樽が使用されることも多い。中でもよく利用されているのがバーボン樽やシェリー樽だ。ワイン樽が使用されることもある。

バーボンの熟成にはアメリカンオークを使用することが法律で義務付けられているが、1回使用したら捨てることとなっている。そこに目をつけたヨーロッパの蒸留所が中古のバーボン樽を使ったのが始まりだと言われている。

シェリー樽はシェリー酒を貯蔵していた樽のこと。最近は数量が不足し、入手が困難となっている。シェリー樽で熟成したウイスキーは、希少価値が高いと言えるだろう。

Chapter.6

クラフトウイスキーが飲める
全国の名店

せっかくクラフトウイスキーを飲むなら、
雰囲気の良いバーでその味と香りを楽しみたいもの。
全国各地にあるクラフトウイスキーが飲めるバーを紹介。
じっくりと酔いしれてみてはいかがだろう

BAR KAGE ❖東京・銀座

ウイスキー好きが集う大人の隠れ家

　ネオンきらめく東京は銀座の一角にある狭い路地に、隠れ家のようにひっそりと佇んでいるBAR KAGE。定番から希少なものまで、豊富なウイスキーのラインアップと行き届いたサービスが魅力のオーセンティックバーだ。重厚感のあるドアを開き、地下へと続く階段を降りていくと、まるで別世界に迷い込んだようなムーディーな雰囲気が漂っている。まさに大人のための社交場だ。オーナーバーテンダーの影山武嗣が理想の店舗の実現を目指して2011年にオープンした。

　影山はサントリーの出身。店舗開発などに携わってきた。もちろん酒に関する知識も豊富だが、それでも情報収集と勉強のため、各地で行われるウイスキーに関連するイベントなどに積極的に足を運び、蒸留所の関係者らと交流を図っているという。店ではスコッチを中心に揃えているが、ジャパニーズクラフトウイスキーもイチローズモルトを中心にラインアップ。ウイスキー談義に花を咲かせつつ、グラスを傾ける時間は、愛好家にとってはたまらない一瞬だ。

奥深い世界を楽しんで

オーナーバーテンダー 影山武嗣さん

最近は日本全国各地にウイスキーの蒸留所ができ、ウイスキー業界は活況を呈しています。どの蒸留所も良質なウイスキーを造ろうと、信念とこだわりを持って取り組んでいるのではないでしょうか。本当に質の良いジャパニーズウイスキーが増えていると思います。当店では、世界の愛好家からも認められているジャパニーズクラフトウイスキーも取り揃えていますので、ぜひ足をお運びいただき、奥深いウイスキーの世界に触れてほしいと思います。

Line Up
クラフトウイスキーラインアップ

貴重な銘柄との出合いを求めて

秩父蒸留所のイチローズモルトに、鹿児島の嘉之助蒸溜所の嘉之助など、日本全国から取り寄せたクラフトウイスキーをラインアップ。貴重な銘柄との思わぬ出合いがあるかもしれないので、こまめに足を運ぶことをおすすめしたい。

- ◆イチローズモルト
- ◆マルスウイスキー
- ◆シングルモルト嘉之助

Japanese Craft Whisky

BAR KAGE

Data	
住所	東京都中央区銀座6-3-6 B1F
電話	03-6252-5044
URL	https://www.barkage.com/
営業時間	18:00～23:30（LO23:00）
休み	日曜
アクセス	東京メトロ銀座線銀座駅より徒歩2分

BAR Wee DRAM ❖東京・渋谷

Japanese Craft Whisky

全国各地から集めた銘柄を飲み比べ

　渋谷という街の雰囲気に合ったおしゃれでハイセンスな雰囲気が漂うバー。連日、大勢の客が足を運んでくる。店をオープンしたのは2015年の夏。ウイスキーを置くなら「次の注目は日本にある小規模蒸留所」だと考え、全国各地の、約20種類のジャパニーズクラフトウイスキーの銘柄を揃えたという。その一番の魅力は、なんといっても自分たちが生まれた国で造っているということに尽きる。「だからこそ応援したくなる」とバーテンダーのTommyは言う。

　取り扱っているのは厚岸、戸河内、あかし、駒ヶ岳など。「どの蒸留所のウイスキーもシンプルな味わいで日本人の好みに合っている」と安倍。飽きが来なくて何杯も飲めてしまうのが、ジャパニーズクラフトウイスキーの特徴の一つだろう。日本人が造っているからこそ、日本人の好みの味になるに違いない。せっかくであればできるだけ多くの銘柄を味わってみたいもの。あれこれと飲み比べをすることができるのも、この店ならではの楽しみ方ではないだろうか。

全国の小規模蒸留所を応援

バーテンダー Tommyさん

全国各地に自社でポットスチルを構える蒸留所が増えてきています。どの蒸留所が造るウイスキーも、シンプルな味わいでとても飲みやすいウイスキーです。私たちの役目は、全国各地で頑張ってウイスキーを造っている蒸留所があることを、多くの人に知ってもらうこと。1人でも多くの人が、ジャパニーズクラフトウイスキーのファンになり、気持ちよく帰ってもらえるように努力を続けていきたいと考えています。ぜひ、たくさんの人に来てもらいたいです。

Japanese Craft Whisky

Line Up クラフトウイスキーラインアップ

オープンに合わせ
20銘柄を青田買い

オープンの際には約20の小規模蒸留所の銘柄を青田買いしたが、その後のクラフトウイスキーブームに乗って取り扱う銘柄は増えている。今後、新たにリリースをする蒸留所があればラインアップに加えていくつもりだという。味わえる銘柄数はさらに増えていくことだろう。

◆厚岸シングルモルト
◆戸河内ウイスキー8年
◆シングルモルトあかし
◆シングルモルト駒ヶ岳

Data

BAR Wee DRAM

住所	東京都渋谷区道玄坂1-6-9 ILA道玄坂ビル 4F
電話	03-6809-0929
営業時間	19:00〜26:00
休み	なし
アクセス	JR山手線渋谷駅より徒歩3分

Bar Perch ❖山梨・清里

こだわりの酒に囲まれた森の中の本格バー

八ヶ岳の麓に広がる清里高原の一大観光スポット、萌木の村。この中にあるホテル「ハット・ウォールデン」の一角にあるオーセンティックバー。主要コンペティションでの受賞経験があるバーテンダーの久保田勇が作るオリジナルカクテルなどを楽しむことができる。

また、萌木の村のオーナーで、稀代のウイスキーコレクターとして知られる舩木上次が、ベンチャーウイスキーの肥土伊知郎ら日本を代表する一流のブレンダーとともに造り上げた、「萌木の村スペシャルウイスキー」は全種類揃えている。

ほかにも、イチローズモルト、嘉之助、厚岸、安積、三郎丸といった国内外から高評価を得ている蒸溜所のクラフトウイスキーの品揃えも充実。国内はもとより、海外からわざわざ足を運んでくる愛好家も少なくないという。

店内はウッディーで落ち着いたしつらえの中、暖炉の炎がゆらめく癒しの空間だ。時間がたつのも忘れてゆっくりと美味しいウイスキーの味わいに浸ることができるだろう。

お酒のわがまま、お聞きします
バーテンダー 久保田勇さん

一見すると入りにくいかもしれませんが、その分外界と遮断され、心地よい空間になっています。「せっかくホテルに宿泊したので、初めてバーに来た」というお客様もよくいらっしゃいます。当店に来たら、ぜひカウンターに座ってもらい、私たちバーテンダーといろいろ会話をしましょう。私たちはお客様との対話を通して、深遠なお酒の世界へとナビゲートいたします。遠慮は必要ありません。気ままにわがままをお聞かせください。

全国各地の銘柄を
飲み比べられる

スコッチウイスキーも豊富にラインアップしているが、ジャパニーズウイスキーもそれに負けないくらいの品揃えを誇っている。全国各地の銘柄が揃っているので、クラフトウイスキーの飲み比べを楽しんでみてはいかがだろう。

◆萌木の村50周年イチローズモルト秩父
◆安積ブレンデッドモルトジャパニーズ
◆津貫ゴーストシリーズ
◆駒ヶ岳1989-2012
◆軽井沢21年 メモリーオブ軽井沢

Japanese Craft Whisky

Bar Perch

Data

住所	山梨県北杜市高根町清里3545
電話	0551-48-2131
URL	https://www.moeginomura.co.jp/establishment/bar-perch/
営業時間	17:00〜25:00(LO24:00)
休み	なし ※臨時休業あり
アクセス	JR中央線清里駅より徒歩10分

BAR BARNS ❖愛知・名古屋

造り手の思いを多くの人に届けたい

　2002年、名古屋のオフィス街伏見にオープン。仕事帰りのサラリーマンをはじめ、お酒が大好きな大人が夜な夜な集っている。店名の由来は、ウイスキーを愛し、ウイスキーに関する詩を残したスコットランドの詩人、ロバート・バーンズから。世界中の造り手たちの思いを、多くの人に届ける担い手でありたいと考えている。今日はどんな銘柄が飲めるかと、胸を躍らせて来店する多くのウイスキーファンのことを思うと、ついたくさん仕入れてしまうのだとか。1人でも多くの人に楽しんで

もらいたいという、もてなしの心がそうさせるのだろう。

　豊富なのはもちろん種類だけではない。ストレート、ロック、水割りに、ソーダ割りにと、熟練のバーテンダーが客のニーズに合わせて、最高の1杯を提供してくれる。また、静岡蒸留所や厚岸蒸留所などの蒸留所とのコラボレーションで、オリジナルのボトルをリリースしているのもこの店ならではの取り組み。今後も続けていくという。いつ、どことコラボして、どんなウイスキーが出来上がるのかも楽しみだ。

提案型スタイルがモットー
オーナー 平井杜居さん

　地元のお客様はもちろん、全国各地そして海外からも、多くのお客様にご来店いただいています。来店したすべての皆さんがくつろいで、お酒を飲む時間を楽しんでもらえるように心がけています。できるだけお客様と会話をして、そのやり取りの中で何を求めているのかを感じ取り、こちらから提案をする提案型のスタイルをモットーとしています。その日の気分や好みを話してもらい、今日のイチオシのウイスキーが提案できれば幸いです。

Line Up
クラフトウイスキーラインアップ

全国から来店
イベントも随時開催

　世界各国から多くの銘柄を揃えているBAR BARNS。もちろん、ジャパニーズウイスキーの品揃えも豊富だ。ウイスキーのテイスティング会などのイベントも定期的に開催しているので、一度足を運び、お気に入りの1本を探してみてはいかがだろう。

◆ブラックアダー ロウカスク
　静岡 4年 for BAR BARNS
◆秩父2013-2022 9年
　セカンドフィルバーボンバレル#2422
　for BAR BARNS&RUDDER
◆厚岸ピーテッド2018-2022
　バレル for BAR BARNS &
　SHINANOYA

Japanese Craft Whisky

Data

BAR BARNS

住所	名古屋市中区栄2-3-32 アマノビルB1
電話	052-203-1114
営業時間	火曜〜金曜 16:30〜23:30(L.O.23:00) 土曜・日曜・祝日 15:00〜23:00(L.O.22:30)
休み	月曜、第1・第3火曜
アクセス	名古屋市営地下鉄東山線・鶴舞線 伏見駅より徒歩3分

Bar CASK ❖愛知・名古屋

住宅街にある樽ウイスキーの専門店

閑静な住宅街で四半世紀以上にわたって営業を続けるBar CASK。その名の通り、樽ウイスキーを専門に取り扱っている。全国でもあまり例のないスタイルの店だ。温度や湿度などの日々の管理は、樽ウイスキーにとっては欠かせない。まるで我が子に接するかのように大切に取り扱っているという。

店ではもちろん、樽ウイスキーだけでは

なくボトルのウイスキーも楽しむことができる。厚岸、イチローズモルト、静岡、戸河内、駒ヶ岳などのジャパニーズクラフトウイスキーも豊富に取り揃えているのも特徴。樽ウイスキーとボトルウイスキーを飲み比べ、味わいや香りの違いを楽しむのも一興ではないだろうか。

ひと昔前のレトロチックな雰囲気もウイスキーの味を増幅させる。

Bar CASK				Data
住所	愛知県名古屋市千種区山門町2-83-3 グルメコート覚王山B1	営業時間	18:00〜25:00	
		休み	日曜・祝日	
電話	052-752-8200	アクセス	名古屋市営地下鉄東山線 覚王山駅より徒歩2分	
URL	https://www.barcask.com/			

One Shot Bar KEITH

ワンショットバー キース ❖大阪・新大阪

日本初ハウスウイスキーの飲める店

取り扱うウイスキーはすべて国産というこだわりのバー。サントリーやニッカなどの大手メーカーの銘柄はもちろん、イチローズモルトや駒ヶ岳などのジャパニーズクラフトウイスキーもバックバーにはずらっと並んでいる。中でも目を引くのは大きな樽。自前で購入した樽に秩父のウイスキーを入れ、店で熟成させているハウスウイスキーだ。

店主曰く「全国でも例を見ない取り組み」とのこと。ハウスウイスキーはこの店だけでしか飲めない、オンリーワンの味と香りだ。店内はどこか懐かしさを覚えるアットホームな雰囲気。店主が笑顔で迎えてくれる。ドリンクはもちろん、フードメニューも人気だ。何度でも立ち寄りたくなる、ほっと一息がつけるような温かみのある店である。

ワンショットバー キース		Data	
住所	大阪府大阪市淀川区宮原2-14-1	営業時間	17:00〜24:00
電話	06-6393-0170	休み	火曜
URL	http://www.bar-keith.com/sp/index.html	アクセス	大阪メトロ御堂筋線東三国駅より徒歩5分

Japanese Craft Whisky Bar
common ❖大阪・心斎橋

素晴らしいカルチャーを多くの人へ届ける

大阪一の繁華街・心斎橋。若者を中心に大勢の人が行き交っている。その中の人気買い物スポット、心斎橋PARCOの地下2階に店を構えるのがJapanese Craft Whisky Bar commonだ。その名の通り、ジャパニーズクラフトウイスキーをメインに品揃えしている。

スコッチやバーボン、ジャパニーズウイスキーなら、サントリーやニッカといった大手メーカーの専門店は数多くあるが、ジャパニーズクラフトウイスキーを専門にした店は珍しい存在だ。店を出した理由を店主の松本和宏はこう語る。「自分の生まれた国に、ジャパニーズクラフトウイスキーという素晴らしいカルチャーがあることを多くの人に知ってもらいたいと思って店を出すことにしました」

イチローズモルト、AMAHAGAN、YUZA、駒ヶ岳、あかし……。メニューにはジャパニーズクラフトウイスキーの銘酒がずらっと並んでいる。どの銘柄を飲もうか、迷ってしまうほど。ゆったりジャパニーズクラフトウイスキーの世界に浸るには最高の場所だ。

造り手の熱い思いを伝えたい

店主 松本和宏さん

ジャパニーズウイスキーが世界的なブームの中、ジャパニーズクラフトウイスキーの専門店がないのはどうにもおかしいという思いがあったので、この店を出すことにしました。蒸留所のブレンダーさんらともよく話す機会がありますが、どの蒸留所も本当に真摯にウイスキーを造っています。その熱い思いを伝えるのが、この店の意義だと思っています。1人でも多くの人にジャパニーズクラフトウイスキーのおいしさを届けていきたいと思います。

Line Up
クラフトウイスキーラインアップ

小規模蒸留所だからこそその他にはない味を楽しむ

様々なウイスキーが世に出ている中、本当のジャパニーズウイスキーの良さを広めたいと始めただけに、その品揃えは豊富。「小規模・少量生産だからこそ特別な味がする」と店主の評するクラフトウイスキーも多数楽しむことができる。

◆シングルモルト駒ヶ岳
◆AMAHAGAN
◆静岡
◆桜尾
◆YUZA

Japanese Craft Whisky Bar common
Data

住所	大阪府大阪市中央区心斎橋筋1丁目8-3
電話	06-6786-8787
URL	https://shinsaibashi.parco.jp/shop/detail/?cd=026582
営業時間	平日 14:00〜23:00 土曜・日曜 13:00〜23:00
休み	なし
アクセス	地下鉄御堂筋線心斎橋駅より徒歩1分

全国バー巡り

全国の主要都市にあるクラフトウイスキーが飲めるバーを紹介する。
何れ劣らぬ名店ばかり。一度足を運んでみてはいかがだろう

札幌 | BARみずなら

200種類以上のジャパニーズウイスキーが飲める店として2023年9月にオープン。イチローズモルト、桜尾、厚岸など、クラフトウイスキーの品揃えも豊富だ。

Data

住所	北海道札幌市中央区南3条西3-1-1 サンスリービル1F
電話	011-215-0363
URL	@mizunara930
営業時間	17:00〜27:00（LO26:30）
休み	無休
アクセス	札幌市営地下鉄南北線すすきの駅より徒歩2分

仙台 | WHISKY BAR 珀仙

仙台でジャパニーズウイスキーを楽しむならココ。嘉之助やYUZAといったクラフトウイスキーも豊富にラインアップしている。白州、山崎も常備。

Data

住所	宮城県仙台市太白区長町3-6-2 名川ビル2F
電話	022-797-8830
URL	@hakusen_nagamachi_manager
営業時間	19:00〜26:00
休み	日曜、月曜
アクセス	仙台市営地下鉄南北線長町駅より徒歩1分

横浜 | Bar びじゃぽん

日本ワインや日本酒など日本のお酒に特化したバー。ジャパニーズウイスキーは250本程度揃えている。北は厚岸から南は嘉之助まで全国の銘柄が味わえる。

Data

住所	神奈川県横浜市中区宮川町2-28 前田ビル 1F
電話	045-243-2121
URL	https://www.instagram.com/bar_villapon/
営業時間	平日 18:30〜25:00　土曜・祝日 18:00〜24:00
休み	日曜
アクセス	京急本線日の出町駅より徒歩4分

京都 salon&bar SAMGHA

店名のサンガは僧侶の語源となったサンスクリット語に由来。イチローズモルトなど、日本ウイスキーの品揃えも充実。古都の夜はここで満喫してみては。

Data

住所	京都府京都市中京区油小路通蛸薬師下る 山田町526
電話	075-252-3160
URL	https://salonbar-samgha.jp/
営業時間	月曜〜木曜 17:00〜24:00　金曜・土曜 15:00〜24:00
休み	日曜
アクセス	京都市営地下鉄烏丸線四条駅より徒歩10分

神戸 BAR A-SOLUTIONS

元・ホテルバーテンダーでカクテル全国大会入賞経験のあるマスターが厳選したウイスキーは200種類以上。地元のあかしなど、クラフトウイスキーも充実。

Data

住所	兵庫県神戸市中央区下山手通2-17-10 ライオンビル三宮館3F
電話	078-335-6092
URL	https://bar-a-solutions.amebaownd.com/
営業時間	17:00〜25:00（LO24:30）　日曜15:00〜23:00（LO22:30）
休み	月曜
アクセス	阪急神戸線神戸三宮駅より徒歩5分

広島 Little Happiness

丸氷で飲むウイスキーロックが人気のバー。オーセンティックな雰囲気の中、グラスを片手に"小さな幸せ"を感じることができるだろう。

Data

住所	広島県広島市中区流川町5-14 Rolling流川1F
電話	082-247-5779
URL	https://little-happiness.jp/
営業時間	月曜〜木曜 19:00〜25:00　金曜・土曜 19:00〜26:00 日曜 19:00〜24:00
休み	無休
アクセス	広島電鉄市内線銀山町駅より徒歩5分

福岡 バー・ライカード

福岡のウイスキー通が集う店。世界各地のウイスキーを収蔵している。その数はなんと3000本。もちろん国産のクラフトウイスキーの品揃えも豊富だ。

Data

住所	福岡県福岡市中央区渡辺通2-2-1 西村ビル 5F
電話	092-215-1414
URLh	https://www.instagram.com/bar_leichhardt.jp/?hl=en
営業時間	19:30〜25:00（LO24:00）
休み	月曜＋不定休
アクセス	福岡市営地下鉄、西鉄薬院駅より徒歩2分

Staff

編集	篠田享志、鶴 哲聡（NEO PUBLICITY inc.）
デザイン	金井久幸（TwoThree）
DTP	TwoThree
取材・執筆	森澤直人（tracks［トラックス］）、瀬子未由、久保 愛、石川 蘭
撮影	高島裕介
イラスト	伊藤直子（NEO PUBLICITY inc.）
地図製作	庄司英雄

日本が世界に誇る名品の数々を紹介

ジャパニーズクラフトウイスキー読本

第1刷　2024年3月29日

著者　「ジャパニーズクラフトウイスキー読本」製作委員会

発行者　菊地克英

発行　株式会社東京ニュース通信社
　　　〒104-6224　東京都中央区晴海1-8-12
　　　電話 03-6367-8023

発売　株式会社講談社
　　　〒112-8001　東京都文京区音羽2-12-21
　　　電話 03-5395-3606

印刷・製本　株式会社シナノ